塑料制作铸型
及其实用铸造工艺

谢沛文 章 舟 编著

化学工业出版社

·北京·

本书紧密结合铸造企业的生产实际，全面介绍了塑料铸型及各种实用铸造工艺相关的原料选用、工艺措施、设备组成等实用技术知识，列举了丰富的塑料铸型及铸造工艺应用实例。全书内容来源于作者多年的实践经验总结，可以直接用于生产现场，解决实际问题。

本书可供铸造领域技术人员阅读，也可供铸造相关专业师生参考。

图书在版编目（CIP）数据

塑料制作铸型及其实用铸造工艺/谢沛文，章舟编著．—北京：化学工业出版社，2013.12
ISBN 978-7-122-18512-9

Ⅰ.①塑⋯　Ⅱ.①谢⋯②章⋯　Ⅲ.①塑料-铸型②塑料-铸造-生产工艺　Ⅳ.①TQ320.66

中国版本图书馆 CIP 数据核字（2013）第 227986 号

责任编辑：刘丽宏　　　　　　　　　　　文字编辑：徐雪华
责任校对：宋　玮　　　　　　　　　　　装帧设计：刘丽华

出版发行：化学工业出版社（北京市东城区青年湖南街 13 号　邮政编码 100011）
印　　刷：北京永鑫印刷有限责任公司
装　　订：三河市宇新装订厂
710mm×1000mm　1/16　印张 12½　字数 214 千字　2014 年 1 月北京第 1 版第 1 次印刷

购书咨询：010-64518888（传真：010-64519686）　　售后服务：010-64518899
网　　址：http://www.cip.com.cn
凡购买本书，如有缺损质量问题，本社销售中心负责调换。

定　　价：58.00 元　　　　　　　　　　　　　　　　版权所有　违者必究
京化广临字 2013—24 号

前言
FOREWORD

铸造是最古老、最常用的获得金属合金零件的方法之一，随着机械工业的发展，对合金铸件性能提出了更高的要求。而无论采取何种铸造工艺，生产何种铸造零件，必备的工艺设备就是铸型——将各种合金液浇注在各种不同的铸型中凝固、冷却而获得性能、用途各异的铸件。铸型通常按照造模的方法、造模的材料或进铸模的方法进行分类，如砂型铸造、消失模铸造、离心式铸造等。

不同的铸造工艺对铸型有不同的要求。随着技术进步，以及节能、环保的要求，以塑料作为材料制作铸型的工艺得到了迅猛发展，由于其材料来源广，成本低，可循环使用，日益在铸造行业得到推广。为了方便广大铸造领域技术人员全面学习塑料铸型制作及其铸造工艺，笔者编著了本书。

本书充分考虑当前铸造行业的发展和技术要求，结合铸造企业的生产实际，全面介绍了塑料铸型及各种实用铸造工艺相关的原料选用、工艺措施、设备组成等实用技术知识，列举了典型零件塑料铸型及铸造工艺应用实例，内容来源于作者多年的实践经验总结，可以直接用于生产现场，解决实际问题。

全书的编写得到广大同行的大力支持，再次表示诚挚的谢意！

鉴于笔者水平有限，书中不当之处难免，敬请读者批评指正。

编著者

目 录
C O N T E N T S

第2章　塑料粒料发泡成型　消失模铸造

第3章　EPS粒料发泡型（板）材　实型铸造

第1章 ◂◂◂

塑料薄膜 V 法铸造中造型

1.1 V 法铸造原理、流程及特点

1.1.1 V法铸造原理

真空密封造型法也称负压造型法或减压造型法，国外取真空英文字 Vacuum 的字头，而简称为 V 法，起源于日本。它是利用塑料薄膜抽真空使干砂成型，所以誉为第三代造型法，即物理造型法。由于它不使用黏结剂，落砂简便，使造型材料的耗量降到最低限度，减少了废砂，改善了劳动条件，提高了铸件表面质量和尺寸精度，降低了铸件的生产能耗，是一种很有发展前途的先进的铸造工艺。

V 法工艺原理如图 1-1 所示。

1.1.2 V法铸造工艺流程

① 模型。把模样放在一块中空的型板上，模样上开有大量的通气孔，当真空作用时，这些孔有助于使薄膜紧粘在模样上。

② 薄膜。将拉伸率大、塑性变形率高的塑料薄膜用加热器加热软化，加热温度一般在 80～120℃。

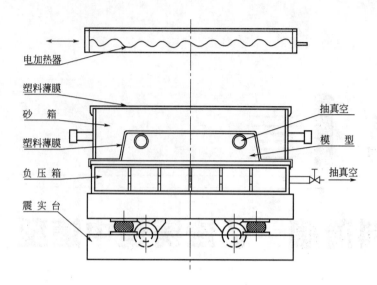

图 1-1　V 法工艺原理

③ 薄膜成型。将软化的薄膜覆盖在模样表层上，通过通气孔，在 $26.7\sim$ $53.4kPa$ 的真空吸力下，使薄膜紧粘在模型表面。

④ 放砂箱。将专用砂箱放在覆有薄膜的模型上。

⑤ 加砂震实。将较细填充效率较好的干砂加入砂箱内，然后进行微振，使砂紧实至较高的密度。

⑥ 盖模。开浇口杯刮平砂层表面，盖上塑料薄膜，以封闭砂箱。

⑦ 起模。砂箱抽真空借助于盖在砂箱表面的薄膜在大气压力的作用下，使铸型硬化。起模时，释放负压箱真空，解除对薄膜的吸附力，而后顶箱起模，完成一个铸型。

⑧ 合箱浇注。将上下箱合起来，形成一个有浇冒口和型胎的铸型，可下芯和安放冷铁。在真空的状态下浇注。

⑨ 脱箱、落砂。经适当的冷却时间以后取消真空，使自由流动的砂子流出，存下一个没有砂块、无机械粘砂的清洁铸件。砂子经冷却后可再使用。

V 法铸造工艺流程如图 1-2 所示。

1.1.3　V 法铸造的特点

① 型砂是不含黏结剂的干砂。

② 用塑料薄膜使砂型成型，通过对砂箱抽真空使铸型硬化。

由于以上特点使造型、落砂、清理等工序大大简化，不需要混砂机和黏结

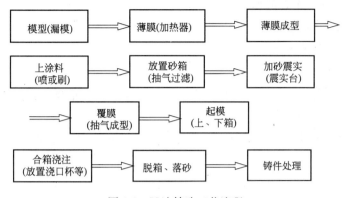

图 1-2 Ｖ法铸造工艺流程

剂的供给设备，使造型和砂处理系统得以简化。

Ｖ法铸造的优缺点如下。

（1）优点

① 铸件尺寸精度高、轮廓清晰、表面光洁。

a. 铸型内腔表面覆有塑料薄膜，铸型面光滑。

b. 砂型的内外压力差，使砂型各部分硬度均匀且高（85HB以上）。

c. 砂箱起模容易，拔模斜度小（0°～－1°）。

d. 在金属液的热作用下，型腔不易变形。

e. 浇注时，由于砂箱保持真空状态，有利于金属液充填型腔。

② 金属利用率高。

a. 由于Ｖ法铸件表面光洁，尺寸精度高，铸件加工余量小。

b. 由于金属液在型腔中冷却速度较慢，有利于金属的补给，故铸件冒口可减小，提高金属的利用率，铸钢件可提高 20％，铸铁件可提高 25％。

③ 设备简单、投资少。因Ｖ法造型除需要增置真空泵和采用专用的砂箱外，其他设备较为简单，可以省去混砂机及一些辅助设备，投资费用少，设备维修方便。

④ 节约原材料和动力。由于Ｖ法使用干砂，落砂容易，砂子的回收率可达 95％以上，采用Ｖ法造型消耗的动力较小，仅为湿型法的 60％，可减少劳动力 35％。

⑤ 模样和砂箱使用寿命长。因模样有塑料薄膜保护，拔模力很小，只有微振且不受高温高压作用，所以模样不易变形和损坏。

⑥ 改善工作环境。

a. 造型及浇注过程中产生的微量气体大都被真空泵抽走，空气污染小。

b. 落砂后，无大量废砂处理。

⑦ 便于管理和组织生产。V法铸生产周期短，工艺简便，操作容易，不需要很熟练的技术工人。

⑧ 适用范围较广

a. V法铸造适用于手工操作的单件小批量生产，也适用于机械自动化大批量生产。

b. 可用于铸铁、铸钢等黑色金属，也可用于铜、铝、镁等有色金属。

（2）缺点

① 因受造型工艺的限制，生产率不易提高。

② 由于塑料薄膜延伸性的限制，目前生产几何形状特别复杂的铸件还有一定的困难。

③ 用真空密封造型法制芯，因太复杂，不如采用传统方法制作。

1.2 塑料薄膜造型及工艺

1.2.1 塑料薄膜

（1）V法铸造对塑料薄膜的性能要求

V法造型是用塑料薄膜通过加热后软化，并利用真空将它吸附在凹凸不平的模型表面上，由于模型轮廓复杂，要求薄膜有较好的工艺性，不产生折痕和破裂，在成型时，模型凹部开口处短边与凹部深度之极限比为1：1.5，超过比例薄膜就会破裂，但对于开口处尺寸较大的凹模，如使用辅助塞子，其比值可达1：2。然而，用V法造型的塑料薄膜很薄，一般只有 0.03～0.25mm，同时在深模型上成型，薄膜有相当大的延伸性，最终厚度可以薄到 0.006mm，所以，塑料薄膜在模型或芯盒内的成型能力的好坏，直接影响铸件的光洁度和尺寸精度。因此，塑料薄膜的选择、质量的控制及使用方法是V法铸造的重要环节。选择薄膜要求如下。

① 薄膜必须没有气泡滴和针孔等缺陷，因为这些缺陷在加热时可能变成大的孔洞。

② 在成型时，形状缺陷不应发展，如皱纹部分重叠就可能造成形状缺陷。

③ 成型后的薄膜不再保留弹性，如使用不合适的薄膜或成型时加热不够，则可能发生弹性恢复，使薄膜在成型后的冷却中有从模型上缩回去的特性。

④ 薄膜不应与模型材料粘住。

⑤ 浇注金属时薄膜产生的蒸气应无毒，因而聚乙烯薄膜（PVC）及同类聚合物是不适用的。

⑥ 薄膜必须有很好的延伸性。

总之，V 法造型一般选用热塑性薄膜，要求薄膜的成型性好，易涂（刷）涂料，方向性小，热塑应力小，对热量不敏感，燃烧时发气量小，不产生有害气体，价格低廉。

（2）几种塑料薄膜的比较

用于 V 法铸造的塑料薄膜，按其化学成分不同分为：聚乙烯薄膜（PE），聚丙烯薄膜（PP），聚氯乙烯薄膜（PVC），乙烯醋酸乙烯共聚体薄膜（EVA），聚乙烯醇薄膜（PVA），聚苯乙烯薄膜（PS）。它们的性能，由于原料、配比以及制膜方法的不同，而有很大的差别。

在不同温度条件下，各种塑料薄膜的破裂伸长率与抗拉强度如图 1-3 所示。从图中可以看出：聚乙烯薄膜的延伸能力差；聚丙烯薄膜只有在较高的温

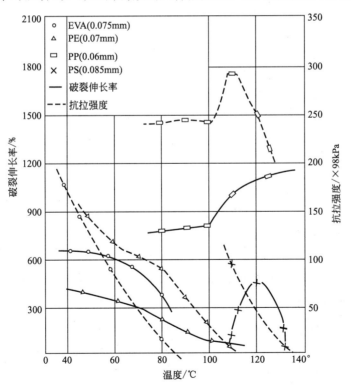

图 1-3　几种薄膜的破裂伸长率和抗拉强度与温度的关系

度下（约130℃），才具有好的伸长率；聚苯乙烯薄膜仅在120℃左右才有较好的伸长率；而乙烯醋酸乙烯共聚体薄膜的伸长率是比较好的。另外，聚氯乙烯薄膜虽具有较好的伸长率，但它在气化时会分解出氯化氢等有害气体。此外，聚乙烯醇薄膜具有吸潮性，不便于使用。

目前，国内大多采用乙烯醋酸乙烯共聚体薄膜、聚乙烯薄膜和聚氯乙烯薄膜。

乙烯醋酸乙烯共聚体薄膜具有成型性好、热塑应力小、方向性小、低温性能好、发气量小而无毒等优点，它是乙烯和醋酸乙烯酯单体的共聚物，其性能主要取决于共聚物中乙烯和醋酸乙烯酯这两种单体的比例和分子量多少。一般来说，醋酸乙烯酯的含量越高，薄膜的伸长率就越好；但如果其热敏感性增加，抗拉强度就会降低，容易破损。目前，用于Ｖ法铸造的乙烯醋酸乙烯共聚体薄膜中，醋酸乙烯酯的含量为14%～19%，采用吹塑法制成。表1-1为国产塑料薄膜的性能，从表中可以看出，不同材料的性能是不同的，而同一种材料其纵向的伸长率与横向也不相同，应尽量选择伸长率好、方向性小、对加热温度敏感性差的塑料薄膜。

表1-1　国产塑料薄膜的性能

种类	厚度/mm	拉伸强度/MPa		伸长率/%		备　注
		纵向	横向	纵向	横向	
EVA	0.06～0.13	23.1	21.6	825.4	874.2	由国产粒子制成
EVA	0.10～0.135	19.7	20.1	777.6	794.0	由国产粒子制成
EVA	0.11～0.12	26.0	25.0	587.8	801.8	由日本产粒子制成
EVA	0.08～0.12	22.7	22.7	495.5	523.0	由日本产粒子制成
PE	0.04～0.052	14.4	17.2	145.8	568.6	由国产粒子制成

聚乙烯薄膜及聚氯乙烯薄膜是国内在农业上被广泛采用的塑料薄膜，因其材料来源广、价格低廉，并具有一定的成型性，所以用于形状不太复杂的铸件成型。但聚氯乙烯薄膜在高温下，会分解出氯化氢等有害气体，可能造成对环境的污染和对真空泵的腐蚀等。但这种薄膜的厚度一般只有0.05～0.08mm，比较薄，每1g聚氯乙烯薄膜分解时的发气量也比其他薄膜少（0.032mol/g），而且所形成的气体绝大部分溶于水或被真空泵抽走，所以只要搞好车间的通风和进行废气处理，所产生气体的危害可被控制到最低程度。另外，聚氯乙烯薄膜的强度比乙烯醋酸乙烯共聚体薄膜好，即使反复多次加热成型也不易发生破裂。

为了密封砂箱背面（即盖膜），可以用成型性差一些、价格低廉的薄膜，如聚乙烯薄膜。

薄膜费用在Ｖ法铸造的材料费用中所占的比例最大。同样材料的薄膜，其厚度愈厚消耗量就愈大，成本也就愈高。采用较薄的薄膜可减少发气量，这对于防止铸件产生呛火和气孔等都是有好处的。因此，应尽可能使用薄的薄膜，只有在凹凸度较大、形状复杂的模型上覆模时，才可适当采用厚一点的薄膜，从而有利于延伸成型。目前，在Ｖ法铸造中，多采用厚度为 0.03～0.25mm 的薄膜，视情况而定。为了便于比较Ｖ法铸造中几种塑料薄膜的性能，在表 1-2 中列出了有关技术参数。因此，正确地选择和运用塑料薄膜是很关键的。

表 1-2　常用塑料薄膜的性能比较

比较内容		聚乙烯	聚丙烯	聚乙烯醇	聚氯乙烯	乙烯醋酸乙烯共聚体
代号		PE	PP	PVA	PVC	EVA
化学结构式		$\text{—}[CH_2\text{—}CH_2]_n$	$\text{—}[CH_2\text{—}CH]_n$ CH_3	$\text{—}[CH_2\text{—}CH]_n$ OH	$\text{—}[CH_2\text{—}CH]_n$ Cl	$\text{—}[(CH_2\text{—}CH_2)_p$ $\text{—}CH_2\text{—}CH]_n$ O CO CH_3
相对密度		0.923	0.90～0.92	1.21～1.31	1.16～1.35	0.93
拉伸强度/(kgf/cm²)		220	290	70～350	190	200
吸水率/%		—	<0.01	>30	0.15～0.75	0.04
烧失后的发气量/(mol/g)		—	0.072	0.046	0.032	0.056
最大伸长率	伸长率/%	～320	1000～1100	—	～430	～650
	对应温度/℃	40～50	128～132		60～70	45～55

注：1kgf/cm²＝98kPa。

（3）塑料成型的操作经验

Ｖ法铸造的技术关键之一是薄膜成型。冷覆薄膜得不到毫无折皱的覆膜效果，这些折皱反映在铸件上就是在铸件表面上出现很细的条痕，所以对于外表不加工的铸件，如气缸体，应该用经过烘烤的薄膜进行覆膜。经过适当烘烤的聚氯乙烯薄膜还可以得到良好的覆膜效果。

由于目前还凭观察来决定薄膜的烘烤程度，就需要在实践中积累经验，经过烘烤的薄膜在型板上或芯盒内覆膜成型后，尽可能地没有残留弹性，尤其是在边角部位。没有残留弹性的覆膜被铁水烧破后，不会扩大开口面积。而有残留弹性的覆膜部分在被铁水烧破后，就会迅速地扩大开口面积，使该部分铸型的表面强度骤然下降，在铁水的冲击下造成夹砂或轮廓不清晰。在薄膜覆膜后如能及时发现这种情况，可在该处涂刷能溶该种薄膜的溶剂或进行局部加热消除薄膜的残留弹性。

由于伸长率的限制，对于有较深凹入部分的模样或芯盒，薄膜没有足够的伸长率来覆盖深处的角落，而且有时会破裂。例如某单位在试制 C620 床身砂芯时就遇了这种情况。C620 床身砂芯盒中有四个水路呈"U"形的吊楼芯块，不论是用聚氯乙烯薄膜还是用 EVA 薄膜都很难在该处覆好膜。吸力小了薄膜下不去，吸力大了薄膜还没有到底就破了。后来采用了四块宽度稍小于"U"形开口尺寸而高度相当于"U"形深度的条形木块，在覆膜时对准位置放在薄膜上才使该处覆上了薄膜。这种成型压块对辅助成型和减少折皱都是有用的。

对于凹凸特别大的模型，也可使用稍厚的薄膜。但为了减少发气量，防止浇注后产生呛火和气孔，宜尽可能使用薄的薄膜。

浇注时，薄膜遇高温铁水而熔融或气化。同时，因受负压作用，熔融的薄膜浸透到型砂中去并与型砂结合成壳层。这个壳层的存在，对于维持铸型及形成铸件是有用的。但是在浇注厚壁铸件时，由于铁水长时间通过型壁，使最初形成的壳层中的有机物逐渐烧失，有可能引起铸件夹砂。在薄膜上涂以涂料对防止夹砂是有效的，这样，厚壁铸件也容易铸造。

在贴附薄膜时，还必须注意正确地利用薄膜的弹性，即尽可能将薄膜伸张到它的弹性限度。贴附成型冷却后，薄膜消失弹性，成为没有弹性、塑性变形了的薄膜。如果薄膜某处留有弹性，当薄膜与铁水接触时，在整个薄膜被烧失前，该处先被切断、剥落成疙瘩，型砂被暴露出，不但会引起夹砂，而且，起了疙瘩的薄膜瞬时燃烧，产生大量的气体，易使铸件产生气孔。所以，在某种程度上，用 V 法铸造铸件，其技术难关是正确控制和使用薄膜。

1.2.2 型砂

V 法铸造所用的干砂，是通常配砂所用的原砂，即不必在砂中添加任何类型的黏结剂或附加物。V 法铸造对砂子的要求，与一般造型法大体相同，即要求耐火度高，流动性好，充填紧实度大等。

适用于 V 法铸造的砂子种类很多，一般来说，只要能承受金属液的高温作用，具有一定耐火度的砂子，均可供Ｖ法铸造用。目前用于Ｖ法造型的砂子，主要有石英砂、锆砂、铬矿砂、橄榄石砂等。因石英砂价格便宜，料源充足，有一定的耐火度，所以多被采用。锆砂、铬矿砂等价格较贵，但由于Ｖ法铸造中用过的砂子95％以上可回收再用，消耗量很少，又因为锆砂、铬矿砂的耐火度较高，可使铸件表面更加光洁，而且能避免产生硅尘，所以在Ｖ法铸造中也被采用。一般干黄砂的 SiO_2 含量稍低，但价廉，虽然耐火度稍低一点，仍可用于生产铸铁件的Ｖ法铸造。此外，在铸造低熔点的有色金属时，也可用钢丸或铁丸来代替型砂，并能提高铸件的冷却速度，达到改善铸件性能的良好效果。

Ｖ法铸造所用砂子的粒度，应比普通砂型的细，主要是因为：

① 型砂中没有水分、黏结剂和附加物，浇注时不仅不会产生大量气体，还有利于气体的排除。另外，塑料薄膜的发气量也很小，可以及时被真空泵抽走，故可用较细的砂子。

② 粒度细的砂子，可使铸件获得较高的表面光洁度，并能防止金属液在真空泵的抽吸作用下，渗入到砂粒间隙中去，造成铸件的机械粘砂或产生毛刺，影响铸件的表面光洁度。

③ 细砂和粗砂相比较，细砂制成的砂型透气性较小，浇注时塑料薄膜被烧失后，漏气量就会较少，有利于保持砂型内外的压差。另外，细砂的填充性好，可提高砂型的强度。

有人采用不同颗粒大小的型砂浇注铸钢件，结果如表 1-3 所示。

表 1-3　Ｖ法铸造用型砂颗粒对铸型及铸件质量的影响

型砂种类	颗粒/目	SiO_2 含量/％	铸型质量	铸件粘砂面积/铸件总面积/％
天然石英砂	50/100	96	有塌箱	80
天然石英砂	70/100	96	尚可	50
人造石英砂	70	98	有塌箱	40
天然石英砂	100/140	96	良好	<10
人造石英砂	100/200	98	良好	0

注：在实际生产中，一般采用70/140或100/200的石英砂，对锆砂和铬矿砂经常采用100/200较合适。

表 1-4 为日本的原砂粒度分布，日本最初是采用表中所列混合石英砂来进行Ｖ法铸造，后来由于这种砂充填砂箱后易发生"偏析"，以及其中细粉含量较大，使操作条件变坏，所以日本一些工厂的Ｖ法铸造用砂，现已改用单一砂，它们的粒度分布如表 1-5 所列。

表 1-4　石英砂的粒度分布（日本）　　　　　　单位：%

砂的种类	28 目	35 目	48 目	65 目	100 目	150 目	200 目	270 目	底盘	A.F.S 细率
石英砂 6#	—	3.2	31.2	45.8	14.8	4.2	0.8	—		52.0
石英砂 5#	4.2	34.7	29.1	21.5	8.0	1.7	0.5	0.2	0.1	41.2
石英砂 8#				0.4	2.0	9.2	25.8	28.4	34.0	205.7
混合石英砂(6#/8#＝2/1)		2.1	20.8	30.7	10.5	5.9	9.3	9.7	11.2	103.2
石英砂 7#	—	—	0.4	24.0	40.0	21.4	12.2	1.2	0.2	82.0

表 1-5　日本工厂的铸铁件及铸钢件用的石英砂粒度分布　　　单位：%

砂的种类	35 目	48 目	65 目	100 目	150 目	200 目	270 目	底盘
铸铁件用砂	—	0.2	0.2	1.0	30.0	49.0	17.8	1.8
铸钢件用砂	—	0.4	24.0	40.0	21.0	12.2	1.2	0.2

从表 1-5 中可以看出，在铸铁件使用的石英砂中，以粒度为 150 目、200目及 270 目所占的比重较大，因为所用砂的粒度较细，所以砂型的充填密度较高，可防止铁水侵入砂粒中，而造成机械粘砂。对于铸钢件，由于要求型砂有较高的耐火度，而且钢液凝固较快，不易发生机械粘砂，所以铸钢件用砂中，以粒度为 65 目、100 目及 150 目为主，与铸铁件用砂相比，粒度要粗些。

根据实际经验，一般来说，选用 S70/140 或 S100/200 不含黏土成分的干原砂作为 V 法铸造的型砂是合适的。

为了防止铸件出现机械粘砂，一般用细的面砂和较粗的背砂来造型，也有采用混合砂的。日本曾用配比为 70% 的 6 号石英砂与 30% 的 8 号石英砂混合造型，制作重约 1t、壁厚 100mm 以上的铸铁件。另外，砂子内不应含有黏土。当砂箱接通真空泵脱模后，铸型的硬度只有 85HB 左右，经过一段时间抽气，其硬度才升到 90HB，原因是砂子中含有黏土充填于砂粒之间，使抽气阻力增加，改用 S100/200 的人造石英砂作面砂后，铸件的落砂情况较好，即使厚 40mm 的铸件表面也很光洁。

1.2.3　涂料

在 V 法铸造中，一般要在砂型型腔面上喷（刷）一层涂料，这对于厚壁铸铁件的砂型更是不可缺少的。

喷（刷）涂料可提高铸型的密封性，并能防止铸件的表面粘砂，由图 1-4（a）中可以看出。如图 1-4(b) 所示，在浇注铸型时，在高温的金属液和真空

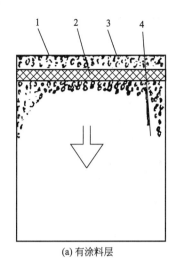

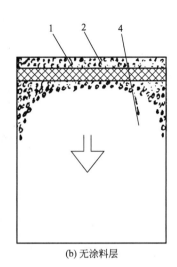

(a) 有涂料层　　　　　　　　　　　　　　(b) 无涂料层

图 1-4　涂料的作用

1—松散砂子；2—熔融塑料与砂子结合的壳层；3—涂料层；4—型砂

泵不断抽气的作用下，塑料薄膜被熔融而渗入砂内，在薄膜消失后的很短时间内，仍可保持铸型的气密性，而不致垮砂或塌型，但当塑料薄膜成分继续向砂内扩散形成壳层 2 后，就不可能再保持铸型的气密性，而且，因型腔表层的塑料薄膜烧失，就会在铸型的表面露出松散的砂子 1，这是造成冲砂、粘砂的主要原因，如果在型腔表面上喷（刷）涂料，则可以防止此种缺陷。原因由图 1-4（a）可看出。由于有涂料层 3，在高温金属液作用下可阻挡金属液的侵入，并可阻止松散的砂粒露出，所以能避免砂子直接与金属液接触而造成铸件粘砂。

　　图 1-5 是有无涂料层的铸型在浇注时型腔内的压力变化情况。可以看出，型腔表面上无涂料层时，浇注初期处于增压状态，而后由于薄膜烧失，铸型密封性降低，转为减压状态。有涂料层时，整个浇注过程中，型腔始终处于加压状态，由此表明，涂料层可提高铸型的密封性。

　　涂料应敷在塑料薄膜的哪一侧，目前有两种意见：一种是主张涂在薄膜的外侧，即靠铸件的一侧，认为这样可阻碍由薄膜分解产生的气体进入铸件，从而减少了铸件发生气孔的可能性；另一种是认为应将涂料层涂在薄膜的内侧，即靠型砂的一侧，其原因是这样可避免由于涂料引起的铸件尺寸误差，并且涂料层也不易脱落，而且还可采用水溶性的涂料。有人认为，这两种涂层方式都能提高铸型的密封性和防止铸件的粘砂。区别是，涂在薄膜外侧时，要求涂料层黏附薄膜的能力强，而且涂料层的发气量要小。若涂在薄膜内侧，因为涂料

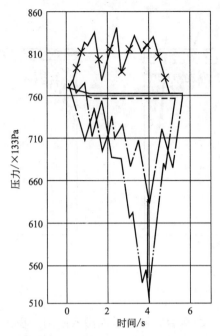

图 1-5　铸型型腔内的压力变化

✕✕✕—无通气孔，有涂料；———— ϕ10 通气孔，无涂料；

—·—无通气孔，无涂料；---- ϕ10mm 通气孔，有涂料；

——··—— ϕ3mm 通气孔，无涂料

层夹在薄膜与砂子之间，不易脱落；另外，由于涂料层受热产生的气体没有薄膜阻挡，容易被真空泵抽走，所以对涂料的附膜性及发气量的要求不是太严格。国内一些单位多将涂料层涂敷在薄膜内侧。

V 法造型是将涂料涂敷在塑料薄膜上，涂料除应具有普通造型用涂料的性能外，还必须具有较好的附着力、不流淌、迅速干燥等特性，在浇注后能形成薄壳从铸件表面剥离下来。

（1）V 法铸造涂料的特性

涂料是影响 V 法生产铸件表面质量的重要因素之一，该工艺是将涂料喷在塑料薄膜上，而不是砂型上，V 法造型用涂料与型砂涂料相比，应具有以下特性。

① 附着性能。涂料与塑料薄膜要有良好的润湿性和附着性，塑料薄膜为非标性材料，表面张力低不易被涂料润湿渗透，附着性能主要取决于黏结剂。V 法涂料用的黏结剂使涂料应具有常温和高温强度之外，还必须对塑料薄膜有足够的附着力，使之牢固地附着在薄膜上。

② 干燥速度。V 法生产工艺不能采用高温烘干，要求涂料快速自干或低温干燥<50℃，以满足生产线工艺要求，影响干燥速度的主要因素是溶剂种类，因此需毒性小、无味、黏度适合、价廉的溶剂及能促进涂料快干的附加物。

③ 不流淌性。指在涂料喷涂在塑料薄膜上后，涂料不应该流淌。

④ 耐火骨料。V 法造型是在浇注过程中塑料薄膜熔化后渗到涂料及砂型里，而使砂型表面形成薄壳成为铸型的表面层，因此需要研制由耐火材料表层局部熔化而引起烧结的"固相烧结型"涂料。国内现有的涂料，对于生产厚大的铸铁和铸钢铸件很难达到所要求的表面粗糙度和尺寸精度。为了满足生产要求，在消化引进专项技术的基础上，研制 V 法造型用快干涂料是当务之急。

（2）涂料的性能分析

① 涂料对塑料薄膜附着性能的分析。在 V 法生产中涂料涂敷在薄膜上，干燥后填砂造型，为使涂料在填砂过程中不致从薄膜上脱落，涂料除其本身应具有一定强度外，还应与薄膜之间有较好的附着力和高温强度，以免在浇注过程中被金属液冲刷掉造成冲砂或夹砂等铸造缺陷。

EVA 塑料薄膜属极性很小的物质，分子排列有规律，加之在生产过程中使用脱膜剂，故在其表面难以附着涂料，同时涂料在塑料薄膜上没有渗透性，因此需选择与塑料薄膜具有较好亲和力的黏结剂，使涂料能很好地与塑料薄膜联结起来，这是 V 法涂料的关键问题之一。为增加涂料与塑料薄膜之间的附着力，加入适当的附加物使塑料表面活化，以增加附着力。沈阳铸造研究所与宝鸡石油机械厂进行大量的试验研究工作，用乙烯乳液、松香、硅酸乙酯等各种黏结剂配制的涂料对塑料薄膜的附着力。同时还试验了松节油、活性剂 B 等附加物对附着力的影响。

a. 黏结剂的种类对附着力的影响。V 法涂料是将其涂敷在塑料薄膜上，而塑料薄膜的一切特点都是由合成树脂所带的高聚物特征及其分子结构的化学物理特性所决定，由于材料的极性和吸附能力不同，对涂料中黏结剂的要求也不相同，因此，要求涂料除应具有普通涂料的共同性能外，还应具有自己的特点。

V 法造型采用的塑料薄膜一般是 EVA，因此涂料应选用与 EVA 薄膜之间有吸附力的黏结剂，以便使涂料能很好地黏附在薄膜上，作者以铸钢件用涂料为基础，对黏结剂的种类、性质和加入量进行了大量的试验，其结果如表 1-6 所示，表中数据表明在没有附加物的情况下，1 号和 2 号涂料附着力较大，但 1 号涂料的表面耐磨性不好，说明涂料本身的常温强度低，2 号涂料虽然附着力不如 1 号涂料好，但涂料的耐磨性能好，又具有较好的附着能力，故选用酚醛树脂作黏结剂。

表1-6 黏结剂的种类及附加物对涂料性能的影响

序号	涂料种类	黏结剂及附加物/%								涂料性能			
		酚醛树脂	EB-P黏结剂	松香	硅酸乙酯	氧化镁粉	松节油	活性剂B	润湿剂	表面强度/(mg/64r)	流淌长度/(mm/g)	表面裂纹情况	附着力/g
1	铸钢用水基自干		4							283.2	118.4	干燥无裂纹	1730
2	铸钢用快干	2							0.01	129.5	45.6	干燥无裂纹	427
3	铸钢用水基自干		4			2				967.9	21.4	干燥无裂纹	180
4	铸钢用快干			2						1110	69	干燥无裂纹	—
5	铸钢用快干				5					510	51	干燥无裂纹	366.6
6	铸钢用快干	2						0.05	0.01	46	58.5	干燥无裂纹	553.33
7	铸钢用快干	2					0.05		0.01	660	115	干燥无裂纹	366.6

注：表面强度是测定涂料的磨下量，用磨下量的多少来衡量涂料的表面强度。

b. 酚醛树脂加入量对附着能力和常温强度的影响。以酚醛树脂为黏结剂的涂料对塑料薄膜有较好的附着能力和常温强度，其附着力随加入量的增加而增加。涂料磨下量随树脂加入量增加而减少，如图1-6、图1-7所示，当树脂加入量达到2%时，磨下量曲线趋于平缓，附着能力也能满足要求。由图1-8可知，涂料的发气量随树脂加入量的增加而增加，发气量大时会增加铸造缺陷，因此，取酚醛树脂加入量为2%。

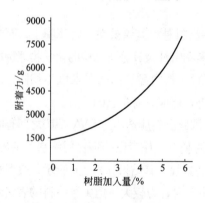

图1-6 树脂加入量对
附着能力的影响

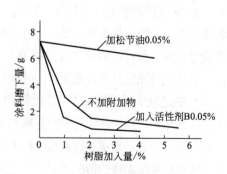

图1-7 树脂加入量及附加物
对表面强度的影响

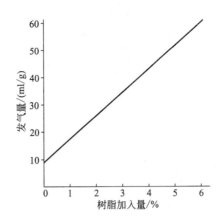

图 1-8　树脂加入量对涂料发气性的影响

② 涂料干燥速度的试验分析。在 V 法生产线上，涂料的干燥速度往往影响生产周期，因此要求涂料要有较快的干燥速度满足生产需要。干燥速度取决于溶剂的挥发速度，其干燥过程也就是溶剂从涂料层中挥发的过程，一般可分为两个阶段，即"湿"阶段和"干"阶段。第一阶段为"湿"阶段挥发，第二阶段为"干"阶段挥发，在"湿"阶段挥发中，溶剂分子的挥发是受溶剂分子穿过涂层表面的液气边界层的表面扩散阻力所制约，在这个阶段，溶剂挥发的速度较快，当涂料层表面的树脂形成薄膜时，涂层内部的树脂也凝结了，这时即进入了第二阶段，溶剂的挥发受到较大的阻力，挥发速度会明显下降，可见溶剂和黏结剂是影响干燥速度的主要因素，其次热风、温度、涂层厚度、耐火材料种类等也是不可忽略的影响因素。

a. 溶剂的种类对涂料干燥速度的影响。溶剂的种类是影响挥发速度的主要因素，溶剂挥发速度越快，涂料的干燥速度也就越快，快干（自干）涂料用的溶剂有醇类和氯化烃类，也有水基自干涂料，因氯化烃类有毒，需很好的通风设备，对醇类和水基自干涂料的干燥速度的试验，结果如图 1-9、图 1-10 所示。

由图 1-9 可知，在自然干燥的情况下曲线 4 和 2 溶剂的挥发速度比曲线 1 和 3 快，达 6min 以后曲线 2 和 4 趋于平缓，已由"湿"阶段挥发转入"干"阶段挥发，且混合溶剂的挥发速度比单一乙醇溶剂快，在曲线 2、4 进入"干"阶段挥发时，曲线 1、3 仍然处于"湿"阶段挥发，经过 16min 后仍未达到"干"阶段挥发，因此在自然干燥的条件下，使用甲醇、乙醇混合溶剂较好，如通风条件较好的车间也可以使用甲醇作溶剂。

在加热风的条件下，醇基快干涂料比水基自干涂料挥发速度快，所需时间

15

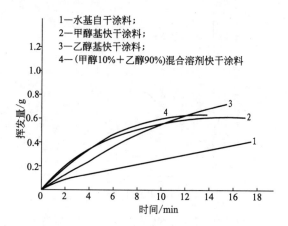

1—水基自干涂料；
2—甲醇基快干涂料；
3—乙醇基快干涂料；
4—(甲醇10%＋乙醇90%)混合溶剂快干涂料

图 1-9　不同溶剂对涂料干燥速度的影响

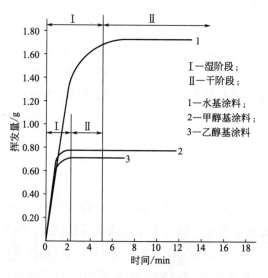

Ⅰ—湿阶段；
Ⅱ—干阶段；

1—水基涂料；
2—甲醇基涂料；
3—乙醇基涂料

图 1-10　醇基涂料与水基涂料挥发量对比
风温 50℃，温度 26℃，相对湿度 69%

短，如图 1-10 所示，图中曲线表明，无论是甲醇还是乙醇快干涂料仅需 2min
就由"湿"阶段挥发转入"干"阶段挥发，而且大量的溶剂是在 1min 之内挥
发掉，2min 以后挥发量基本不变，即溶剂已基本挥发除去。水基自干涂料则
需 5min 才由"湿"阶段转入"干"阶段挥发，干燥速度不能满足要求。试验
结果表明，在有热风的条件下，甲醇和乙醇为溶剂的涂料干燥速度几乎相同，
可根据设备条件选择哪种都可以。

b. 黏结剂加入量对涂料干燥速度的影响。影响涂料干燥速度的因素还有黏结剂的种类和加入量，一般来说，在干燥过程中黏结剂的浓度越来越大，因此对溶剂的阻滞作用也越来越大，黏结剂加入量越多，则溶剂中的浓度越大，阻滞作用也随着增加，影响溶剂的挥发速度，使涂料层中的溶剂残留量增加，涂料干燥速度也会减慢，如图 1-11 所示，曲线 1°、2°、3°表明，在自然干燥情况下，随着树脂加入量的增加，溶剂挥发量减少，涂料的干燥速度减慢。

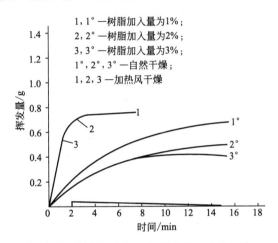

图 1-11 树脂加入量及风温对挥发性的影响

另外，涂料层中溶剂的残留量直接影响着涂料的发气量，涂料中溶剂残留量的测试结果如表 1-7 所示。

表 1-7 涂料中溶剂的残留量和挥发率

涂料种类	吹风时间/min	溶剂残留量/%	溶剂挥发率/%	
			2min	5min
乙醇基快干	2	1.06	96.4	97.00
甲醇基快干	2	1.00	97.8	98.20
水基自干	2	9.40	68.7	77.60

溶剂的残留量和挥发率随溶剂的种类和吹风时间而变化，在吹风时间相同的情况下，醇基涂料挥发率高，残留量少。在溶剂相同的情况下，挥发率随吹风时间的增加而增加。但挥发速度减慢，主要是由溶剂及黏结剂的分子结构、形状、尺寸大小而决定的，随着分子尺寸或支链程度的增加，立体网状结构增多，则溶剂在涂层中挥发受到阻滞，所以挥发速度减慢。

c. 环境温度、湿度及热风对涂料干燥速度的影响。涂料"湿"阶段的干燥速度取决于环境的温度和湿度。温度高相对湿度小时，溶剂本身的挥发速度快，在涂料层中的扩散速度也快，便加快了涂料的干燥速度，也加快了树脂的成膜速度，因此就很快转入了"干"阶段的挥发，此时虽然挥发速度减慢，但大量的溶剂早已在成膜前的湿阶段挥发掉，因此总的干燥时间短。反之温度低，湿度大时，溶剂中分子不易挥发，虽然成膜时间长，但由于大量的溶剂分子没挥发掉，所以在转入"干"阶段挥发后，仍然有大量的溶剂分子存在，因此减慢了涂料的干燥速度。

如果加热风，则从图 1-11 可知，干燥曲线 1、2、3 比自然干燥曲线 1°、2°、3°大大地缩短了干燥时间，这是由于热风能减薄液-气界面处的高浓度气膜，从而降低了溶剂表面分子的扩散阻力，加快了扩散速度，缩短了干燥时间。

d. 涂层厚度对涂料干燥速度的影响。涂层厚度是影响干燥速度的主要因素之一，这是由于涂层厚度增加时，会使溶剂扩散到涂层表面的路程变长，从而延长了涂料中溶剂的扩散时间，降低了干燥速度。但涂层厚度与涂料的抗粘砂性能有关，在其他条件相同的情况下，涂料厚时抗粘砂能力强，但干燥时间长，延长了生产周期，因此在喷涂料时要控制涂层厚度并尽量喷涂均匀，减少干燥速度的偏差。

（3）涂料配比及品质控制

① 涂料配比如表 1-8 所示。

表 1-8　涂料配比　　　　　　　　　　　　单位：g

材　料	铸铁件用涂料	锰钢件用涂料	普通钢及合金钢件用涂料	备　注
锆英粉			85～70	
镁砂粉		100		
土石墨粉	15～30			
鳞片石墨	5～10			
石英粉	80～60			
刚玉粉			15～30	
膨润土	2～5	1～5	1～5	
黏土	1		1	
酚醛树脂	2～5	2～5	2～5	
活性剂 B	0.05～0.1	0.01～0.1	0.05～0.1	
润湿剂		0.01～0.1	0.01～0.1	
乌洛托品	8～15	8～15	8～15	对树脂
工业乙醇	适量	适量	适量	

注：溶剂用甲醇也可。

涂料的配制方法一般有碾压、搅拌、胶体磨研磨等，将涂料制成糊状或膏状，在使用时加溶剂稀释到所需要的黏度。按膨润土：活性剂 A：乙醇＝1：0.5：3 的比例对膨润土进行有机化处理，待配料用。

制备涂料的加料顺序为：

$$\text{耐火骨料} \longrightarrow \text{黏结剂} \xrightarrow[\text{10～5min}]{\text{干混}} \text{悬浮剂} \longrightarrow \text{附加物} \longrightarrow \text{交联剂} \longrightarrow \text{溶剂}$$

在加料过程中要不断进行碾压，待原材料全部加完后继续碾压 4～6h。如用胶体磨，可将所有的原材料在搅拌机中搅拌 20～30min，然后加入胶体磨研磨 5～10min，即可出料。

关于涂料的配方，国内有些单位通过试用，认为下列配方是可行的。

a. 质量比为 50％的工业乙醇与 50％的滑石粉混合后的悬浊液（适用于铸铁件）。

b. M28 的刚玉粉 100g，外加硅酸乙酯水解液（相对密度 0.95）50mL 制成的悬浊液（适用于铸钢件）。

c. 铝矾土粉 1kg，硅酸乙酯水解液 0.6kg 和石墨粉 0.2kg 配成的混合液（便于快干，可适当减少硅酸乙酯水解液的量，而添加一些乙醇，适用于铸铁件）。

d. 黑石墨粉、银片石墨粉、黏土及松香酒精的混合液，其质量比为 7：3：1.5：9。其中松香乙醇中，松香应占乙醇重的 3.15％（适用于铸铁件）。

e. 石墨粉 43％、黏土 13％与 44％乙醇的混合液（适用于铸铝件）。

f. 石英粉、黏土与乙醇的混合液，其质量比为 7.5：2.5：9（适用于铸铝件）。

涂料应该是无水、快干，并具有较好的黏附性。水基涂料或水玻璃涂料黏附性都不好，而硅酸乙酯水解液、松香乙醇液等，则能较好地黏附在薄膜上。为了增加涂料对薄膜的黏附能力，可在水基涂料或水玻璃涂料中加入少量的烷基磺酸钠，搅拌后，因为烷基磺酸钠的表面活性剂作用，减少了水的表面张力；加上其碳氢链的作用，能使涂料较好地黏附在薄膜上。涂料成分中应尽可能少含或不含水分，因为涂料中的水分，往往容易被带入砂型中，从而使铸件内产生气孔。

② 涂料的品质控制。建立健全涂料的品质保证体系不论对涂料生产商还是涂料的用户都是非常必要的，也是涂料发展的必然趋势。国内企业对产品品质的控制越来越严格，一些单位已经通过了 ISO 9000 认证，还有一些企业正在进行 ISO 9000 认证工作。涂料的生产厂家及用户也顺应这一趋势，参照

ISO 9000 建立自己的认证体系，提高管理水平。涂料品质控制包括两方面：一方面是涂料生产品质控制；另一方面是涂料使用中的品质现分述如下。

涂料生产品质控制包括原材料品质控制、生产过程控制及产品品质控制 3 个方面。

a. 原材料品质控制。原材料的好坏对涂料的性能影响很大，原材料厂要进行严格的检验，如锆英粉中氧化锆的含量为 65%；酒精中水分及甲醇含量是否超标；悬浮液成胶特性如何等。建立严格检验制度对保证涂料品质和分析品质事故原因都有重要作用。

b. 生产过程控制。生产过程控制主要包括工艺卡的制定、配合、监督、现场取样化验及设备管理等。

c. 产成品检验。涂料在出厂前要进行严格的检验，必检项目：湿度、悬浮性、黏度等，检验结果可绘制成过程控制图（SPC 图）。该图由红、黄、绿条带组成，如果数据落在红区（>均值$\pm 2\sigma$）或连续 2 次出现在黄区（>均值$\pm\sigma$），就要查找原因并采取相应措施。其他原材料的批次或货源变化等都可直接标在此。

（4）涂料的涂敷方法及设备

涂料要想达到最佳的使用效果，除了涂料本身要具备优良的性能外，正确的涂敷方法和有效的涂敷设备也是十分重要的。传统的涂料涂敷方法有刷涂、喷涂和浸涂。采用哪种形式主要取决于涂料的种类、产品的批量以及模样的大小和形状而定。涂料的厚度随铸件大小和壁厚、液体金属压力大小、热作用强度、砂粒粗细等不同而变化，对中小型铸件涂层厚度要求一般在 0.3～2mm，较大铸件涂料厚度一般在 3～5mm，涂刷一次保证不了涂料厚度，可涂刷 2～3 次。

近年来，国内外在涂料涂敷方法及设备方面也取得了很多新进展。一方面，传统的喷涂方法及设备有了很大改进，如出现了低压热空气喷涂及高压无气喷涂。另一方面，一些新的涂敷方法如流涂、静电粉末喷涂、非占位涂料（转移涂料）法及粉末环绕喷涂法等相继出现，为铸造生产提供了更多的选择余地。未来涂料涂敷方法的发展趋势有以下几点。

① 更好地保证铸件尺寸精度和表面品质。铸件尺寸精度和表面品质取决于砂型芯的尺寸精度和表面品质，而涂料的涂敷品质对砂型芯的尺寸精度和表面品质有很大影响，因此，要想进一步提高铸件的尺寸精度和表面品质，必须从根本上改变涂料的涂敷模式。非占位涂料是解决上述问题的一条有效途径。目前非占位涂料技术主要有微波法、自硬法和热模法 3 种基本形式。尽管目前

非占位涂料还不够完善，应用面也还比较窄，但是，其先进的涂敷模式以及由此带来的高精度、高光洁度和使用效果代表了铸造技术的发展方向。

② 高效率、高品质的涂敷方法。提高涂敷效率和涂敷品质是涂料技术的发展趋势。流涂是近年来发展起来的一种新型高品质、高效率的涂敷技术。其工作原理是：用泵将贮罐中的涂料芯的表面上，多余的涂料从砂型芯流下后返回涂料贮罐中。流涂涂层平整光滑、无刷痕、操作环境好、施涂效率高。目前国内已有流涂机产品。

③ 新型涂敷工艺和设备。近年来出现了一些新的涂敷方法和设备，如静电粉末喷涂及粉末环绕喷涂法等。国外已将静电粉末喷涂法用于湿型砂生产线。粉末环绕喷涂法是 1996 年德国 LAMP 公司开发的一种涂敷方法，用来防止有机黏结剂分解产物进入型腔引起的气孔及粘砂缺陷。该法是将耐火粉与一定比例的干砂混合并装入喷涂室中，通过装在底部的震动器及压缩空气使混合物运动起来，对放在混合物上砂芯进行环绕喷射，通过撞击和摩擦作用使耐火粉嵌入砂芯表面的孔隙之中，砂粒的动能较高，可强化撞击和摩擦作用，使耐火粉嵌得更深更牢。

喷涂是使用压缩空气及喷枪使涂料雾化的涂敷方法，如图1-12所示，适用于大面积的表面，生产率高，可适合机械化流水生产的需要，喷涂后涂层质量均匀、无刷痕。

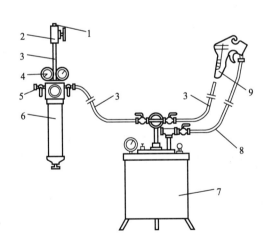

图 1-12　常规喷涂料装置

1—总进气管；2—总开关；3—空气管；4—压力表；5—开关；
6—调节罐；7—涂料桶；8—涂料输送管；9—喷枪

喷涂法有四种。

① 空气喷涂。主要设备是空压机和喷枪，空压机气源压力为 0.24MPa 可

调，使涂料成细雾状，喷枪有吸力型和压力型两种，压力型喷枪是由涂料罐与喷枪分别用软管连接，当涂料罐通入压缩空气，迫使涂料经软管由喷枪喷出。

② 低压喷涂。美国采用一种便携式低压喷涂设备，如图 1-13 所示，该装置由安装在手提箱 [图 1-13(a)] 上的泵空气调节装置，滤气器和快速清洗支管，喷枪 [图 1-13(b)] 双股软管组件 [图 1-13(c)] 及盖式搅拌器 [图 1-13(d)] 组成，该搅拌器靠气动马达驱动，加盖子的目的是使涂料蒸气减至最少，该喷枪适合低压作业，用于近距离（300～380mm）大流量喷枪。

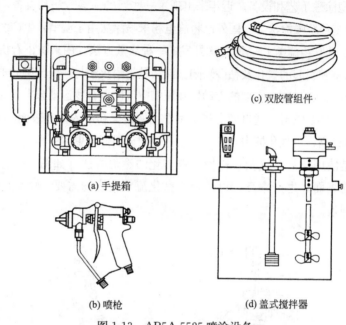

(c) 双胶管组件

(a) 手提箱

(b) 喷枪   (d) 盖式搅拌器

图 1-13　AR5A-5525 喷涂设备

③ 低压热空气喷涂。特点是空气经预热至高于室温 20℃以上，空气压力 0.035～0.07MPa 涂料预热到 50～60℃。这种工艺消除了雾气涂滴回弹，改善了劳动条件，还可节省涂料。

④ 高压无气喷涂。将涂料贮存在高压容器里，靠本身的压力喷出涂料，通过特殊喷枪（图 1-14 所示）分散成小液滴，喷射到模样薄膜表面，撞击作用小，固体微粒回弹量少，故适合深型腔喷涂和迅速快干涂料。涂料飞散损耗小，并且涂料易建立起厚度，表面也较光，无气喷涂法是发展方向。

喷涂法的主要缺点是喷涂时粉尘和载液等雾化散入空气中，对环境造成污染。

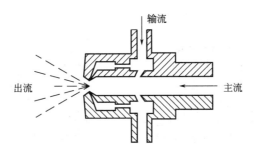

输流

出流

主流

图 1-14　无气喷涂使用的喷枪结构

1.2.4　造型工艺

（1）塑料薄膜的覆模成型及工艺改进措施

V 法造型的技术关键之一是塑料薄膜的覆模成型。所谓薄膜的覆模成型，是指将塑料薄膜均匀平整地、无皱褶地密贴在模型表面上。覆模成型的好坏，直接影响铸件的质量。覆模成型时，一般需先把塑料薄膜放在加热器下烘软，然后再匀整地覆盖在模型面上，由于塑料薄膜上、下面压力差的作用，使其密贴在模型的整个表面上，从而较好地成型。

覆模前需将塑料薄膜加热烘软的原因：一是为了增加薄膜的可塑性，因为塑料薄膜在冷态时塑性较差，不可能得到毫无皱褶的覆模效果，而薄膜覆模后的皱褶，会使铸件表面出现条痕，降低铸件表面的光洁度和精度；二是为了消除薄膜的弹性，如果把冷态的薄膜覆在模型面上，在浇注金属液时，一遇到高温薄膜的某一局部可能烧失开口，其本身的弹性作用会使开口处撕开拉大，从而使松散的砂子暴露出来，发生铸件夹砂或轮廓不清等缺陷。因此，一般在将塑料薄膜覆于模型上成型时，都先把塑料薄膜加热烘软。

薄膜覆模成型所需要的真空度，一般为 200～450kPa，个别也有高达 550～600kPa 的，应视模型几何形状的复杂程度而定。当模型几何形状复杂时，所需要的真空度应该大些；反之，则可小些。过高的真空度，反而会使薄膜被吸进模型的通气孔内，使该处薄膜褶皱，有时甚至还会使薄膜发生破裂。

薄膜能否较好地覆模成型，除与薄膜本身的延伸性有关之外，还受模型横断面凹处几何尺寸的影响。如图 1-15 所示，欲使 a 处的薄膜均匀地与模型凹处 b 密贴，则 a 处及其附近的薄膜，需要比其他平整处或凸面 c 处有更大的拉伸变形能力才行，若其拉伸变形量超过薄膜的允许值时，薄膜在该处将被撕破而不能成型。因此，在 a 处薄膜变形量的大小，与模型在该处的凹入深度 H 及凹处的开口宽度 B 有关。

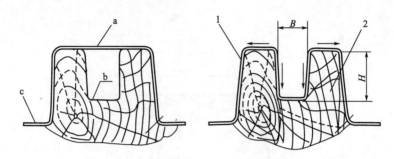

图 1-15 薄膜在模型深凹处成型的原理

1—薄膜；2—模型

常用的几种塑料薄膜的极限拉伸比值为 1.1～1.3。当薄膜凹处的 B、H 值符合 $\frac{B}{H} \leq 1.1 \sim 1.3$ 时，经过加工烘软的塑料薄膜一般都能成型，否则成型困难。

① 覆模成型工艺适应性的改进措施。对于结构复杂、常规薄膜覆膜方法难以成型的铸件，或者针对多品种不同批量铸件生产的需要，在应用 V 法铸造时，可采用辅助成型，对工艺装备进行"柔性"改进，或 V 法与其他造型方法联合应用等措施，以扩大 V 法铸造的适应范围。

② 模样结构成型性的改进方法

a. 辅助成型。对于模样上的深凹槽处，覆薄膜时，可人工用一块由木料或泡沫塑料修成的光滑压块将薄膜压向深凹处，再接通真空，吸覆薄膜。这种措施简便易行，可使模腔的成型深度增加 1～2 倍。

b. 局部预成型法。浇冒口大都采用此法成型。如图 1-16 所示，冒口棒 1 预先包裹薄膜 3（用胶带纸缠绕固定），模样覆薄膜 3 后，将冒口座 2 顶截面薄膜割开，包裹薄膜的冒口棒在其上定位，起模时先从背面取出冒口棒。一些

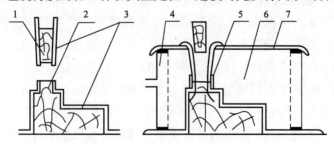

图 1-16 浇冒口成型工艺

1—冒口棒；2—冒口座；3—薄膜；4—砂箱；

5—胶带纸；6—砂型；7—背膜

深孔也可采用此法成型（图1-17所示），做一只轮廓形状与深孔相同的辅助凸模 2，其外覆薄膜 3，模样 1 覆薄膜 3 后，从深孔沿口割开薄膜，将覆有薄膜的辅助凸模插入深孔，沿口搭接好，抽出辅助凸模，深孔即可覆膜成型。此法成型性可不受槽孔深度的限制，颇为实用。

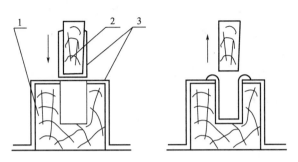

图 1-17　深孔预成型工艺
1—模样；2—辅助凸模；3—薄膜

c. 局部强化抽真空吸膜成型。对于某些难以吸膜成型的凹腔部位，还可以在模样结构上采取强化抽真空措施。如图 1-18 所示，Ⅰ区型腔背后单独设置一抽气室，另设一道专用抽气管道，覆薄膜时，该抽气道先一步抽气，以强化该区域薄膜的吸覆。

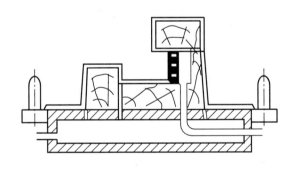

图 1-18　局部强化抽真空示意图

③ 改善薄膜的成型能力。

a. 使用溶剂软化成膜。用 Ⅴ 法造型时，覆膜后先在塑料薄膜的表面上喷涂一种能溶解塑料薄膜的溶剂，然后按一般 Ⅴ 法进行造型。溶解的塑料薄膜连同溶剂一起在真空吸力的作用下，吸入铸型表面并形成固化层。这种工艺一方面改善了薄膜有成型能力，可用于生产复杂铸件；另一方面也克服了一般真空铸型浇注时，因塑料薄膜燃烧引起的塌型、冲砂等缺陷，改善了铸件的质量。

若使用的薄膜为水溶性聚乙烯醇薄膜或水溶性羧基甲醇纤维素膜，覆膜前，先在薄膜上喷水或水蒸气，渗透于薄膜内的水分使薄膜充分软化而具有延伸性。使用这种材料和工艺不必加热，真空吸力就可以使薄膜紧附于模样上成型。此外，覆膜前如果在模样上喷涂分型剂将有利于起模。

b. 使用橡胶质薄膜。不久前，日本研制出高伸长率、高成型性的橡胶质薄膜，这种薄膜不必加热，在室温下就可以覆膜。薄膜的成型能力一般用凹孔的深度比衡量。使用通常的塑料薄膜，烘烤后薄膜的成型能力为 1.1～1.3；而这种橡胶质薄胶，在室温下的成型能力就可达到 5～6。用这种橡胶膜可以生产出极复杂的铸件。

c. 热风加压覆膜。在由型板、模样上的小孔抽气使薄膜成型的同时，通过薄膜上面放置的金属密闭箱体上的小孔压入热风，借助于薄膜上下较大的压力差和提供的热量，薄膜的成型能力得以明显提高，使之在凸凹度比较大的模样上也能成型。

（2）浇注系统及浇注工艺

① 浇注系统。设计浇注系统时，首先要考虑使塑料薄膜受金属液的热辐射面积尽可能小；也就是使塑料薄膜在高温金属液的热辐射下产生的烧失最少，特别要防止浇注时金属液的飞溅或喷射造成的塑料薄膜局部烧失，因为局部烧失会发生漏气、垮砂，以致产生铸件缺肉、夹砂等缺陷。此外，应使浇注的金属液流动平稳，避免直接冲刷型腔壁面或发生卷气及涡流现象。

用 V 法铸造的型腔内外，要不停地保持一定的压差。在浇注过程中，当金属液充满型腔前，为了使未被金属液充填的部分始终与大气相通，一般需要在浇注系统中另设通气口，这样就可避免因压差减少或过分波动而造成垮砂、夹砂，甚至塌型等缺陷。另外，在型腔中如果金属液充填过快，金属液流中会夹气，使铸件产生气孔等缺陷。若浇冒口系统中设有通气口，则气体易从通气口排出，从而有助于避免上述缺陷。

通气口还应设在铸型型腔的最高处，这样在整个浇注过程中，可设有充填金属液的型腔部分与大气相通，始终保持为大气压。此外，如果铸型有局部突起处，并且突起处的高度又低于铸型的最高处时，易被浇注时上升的金属液堵截，从而隔断与大气的通道，有造成垮砂的危险。遇有这样情况，也应在该突起处的顶部设置通气口。通气口的断面积，一般应大于或等于内浇口总面积的一半。为了防止铸件出现气孔，通气口的厚度应是该处铸件壁厚的 2/3 左右。

同理，V 法铸造的浇口采用开放或半开放底注式比较可靠，但也有采用顶注式、中注式或阶梯式浇注系统，应视具体条件而定，但在 V 法铸造中应尽量避免采用顶部雨淋式浇口。

在普通砂型中，由于铸钢、球铁以及有色合金的收缩量较大，铸件中容易产生缩孔，所以需要设置冒口来补缩，V 法铸造中，冒口不仅起补缩作用，还起通气、取渣等作用。因此，应尽可能使 V 法铸型冒口的设置具有较好的通气作用。

V 法铸型中冒口可以是明冒口，也可以用暗冒口。由于暗冒口散热缓慢、补缩效率高，所以在铸造中被广泛采用。但是，普通造型法的暗冒口，一般不适用于 V 法铸造，其原因是浇注金属液时，暗冒口处的薄膜被烧失后漏气，会使型腔中的空气被抽走，压力降低甚至塌型，为了把暗冒口应用于 V 法铸造中，需采取其他特殊的措施。

② 浇注工艺

a. 浇注速度。在浇注过程中，并非型腔内所有的薄膜立即消失，只有与金属液直接接触的区域以及与此毗邻的区域，其塑料薄膜才首先消失，为使砂型强度在薄膜气化消失的短暂时间内，金属液到达，维持密封作用，应尽可能缩短浇注时间并绝不断流。据国外资料报道，铸钢件浇注速度，小件是 8～10kg/s，大件是 25～30kg/s。在不增加浇注速度的前提下，也可用增大内浇口通道面积，或者用分开内浇道等方法来实现。或把铸型倾斜 4°～12°浇注，铸件愈长、大，倾斜角相应也要大些。

b. 浇注温度。浇注温度，与普通砂型铸造的要求基本相同。一般认为 V 法铸型中金属液流动阻力小，冷凝得慢，浇注温度可稍低一些。但为了防止由于薄膜燃烧时产生的气体使铸件产生气孔或针孔，希望将浇注温度提高 15～20℃。浇注温度提高了，薄膜的烧失速度增高就要求浇注时间短些，使金属液尽快地充满铸型，防止出现塌型现象。

某单位用 V 法试制 475C 型汽缸盖时，曾经多次由于塌型而失败。后来是以较低铁水温度，浇成了第一个缸盖。在以后试生产过程中，以比湿型稍低的浇注温度进行浇注，有好的效果。铸件经过几次解剖检验没有发现气孔、缩松之类的缺陷，水压试验结果是耐压 0.7MPa 以上。在试制千斤顶外壳铸件时，采用低温快烧，铸件外表是完好的，但破坏性检查时，发现铸件都在不同程度上出现皮下气孔，而湿型铸造的却没有。经过分析认为是由于金属液夹气所致，后来慢浇，力求平稳，问题就得到了解决。此外，铸铁件表面机械粘砂的程度与铁水处于液态的时间长短有关。所以用 V 法造型生产铸铁件时，首先要求浇注平稳，从平稳中求快，而浇注温度仍以稍低一些为好。对于平做平浇铸件，除了上述要求外，还需要保证铁水充满直浇口和浇注过程中不能断流以防止上箱塌箱。这一点必须给予足够的重视。

在浇注过程中必须注意以下几点。

第一，浇注速度要适当。因为在浇注时砂型表面的砂壳强度只能维持一个短暂的时间，所以必须在这一时间内完成浇注过程，否则就会产生塌砂和冲砂等现象。另一方面，在某些情况下，由于不便在型腔的各个最高点上都设置出气孔，型腔中的气体一部分要通过型壁排出，但是塑料薄膜的透气性是极小的。所以，如果浇注速度太快，就会产生气孔。适当延长浇注时间，使薄膜在金属液到达以前已经受辐射热作用而使型壁具有一定的透气性，就能顺利排气而避免产生气孔。因此，适当的浇注速度应在避免产生上述两方面问题的前提下来选定。

第二，浇包的浇口要对准砂型的直浇口，避免卷入空气，而且不能断流。

第三，防止金属液飞溅进入冒口或出气口中，以免过早地破坏局部型腔的薄膜。为此，必须采取一定的措施。

为了满足以上要求，有条件时可以采用拔塞浇口杯，由液面高低和底注口大小来控制浇注速度。

第四，倾斜浇注。合箱完毕后，将砂箱倾斜 4°～12° 进行浇注，铸件愈长、大，倾斜度相应也要大一些。这样能使铁水由低向高平稳上升，减少型腔中塑料薄膜熔化区的面积，且能保证冒口最后进入铁水，始终保持砂型内外压力差。倾斜的方向是将冒口端垫得高于浇注口端。

c. 浇注后铸型的抽气时间。浇注完毕后，因 V 法铸型冷却速度较慢，应根据情况来确定解除真空负压的时间；并应避免由于过早地解除真空负压，使铸件变形而影响质量。从铸型浇注完了到解除真空负压进行铸件落砂的这一段时间，叫做铸后抽气放置时间。一般来说，壁厚 15～20mm 的铸铁件，浇注后 5min 停止抽气，可得到良好的铸件。总的来说，铸件壁愈厚重量愈大，则所需铸后抽气放置的时间也愈长。图 1-19 为铸钢件的质量与铸后抽气放置时间的关系曲线。

另外，对于铸钢件，浇注完后，应在冒口处放置保温材料，然后填砂并盖上旧薄膜，这样是为了避免从冒口顶吸入空气，引起金属液重溶发热，从而使冒口根部造成缺陷和增加型砂烧结层的厚度。

（3）造型与制芯

① 造型。塑料薄膜成型后，放上砂箱；向砂箱内填充型砂，并同时开动震动器震实；关闭接通模板的抽气阀门；刮出多余型砂，在砂箱上平面覆盖一

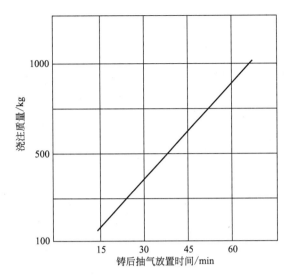

图 1-19　铸钢件质量与铸后抽气放置时间的关系曲线

层塑料薄膜。接通连接砂箱的抽气管，抽出砂箱中的气体。在砂型内保持负压
状态下起模（见图 1-20），从而完成 V 法造型。

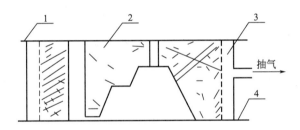

图 1-20　起模后砂型

1,4—塑料薄膜；2—型砂；3—砂箱

② 造型应注意的事项

a. 分型面的选择。当采用水平分型面时，如图 1-21(a) 所示，在浇冒口
或通气口的根部，薄膜往往出现一引动较大的皱褶，如果延伸到模型表面，就
会降低铸件的光洁度。为了避免这种现象，可将浇冒口或通气口移设于离模型
本体较远处，使根部的薄膜皱褶不致延伸到模型面上［图 1-21(b)］。

另外，浇冒口或通气口采用木棒成型法时，如果两片薄膜之间密封不好，易
在该处出现漏气、垮砂等现象。为此，采取垂直分型、平做立浇工艺，如图 1-21
(c) 所示。采用垂直分型面，浇注系统与模型处在同一个平面内，覆模时容易做到
无皱褶成型。此外，浇注过程中不得断流，垂直分型立浇方式没有水平分型平浇方

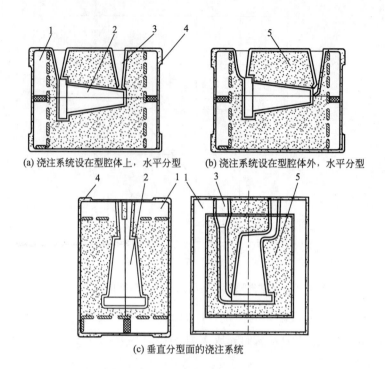

(a) 浇注系统设在型腔体上，水平分型　　(b) 浇注系统设在型腔体外，水平分型

(c) 垂直分型面的浇注系统

图 1-21　分型面与浇注系统的设置

1—砂箱；2—型腔体；3—浇冒系统；4—薄膜；5—型砂

式要求那样严格。因此，在选取分型面时，应尽可能采用垂直分型、平做立浇工艺。

b. 设置冷铁。在普通砂型中，为了消除缩孔、裂纹等缺陷，经常在铸型内的热节区设置冷铁。V 法铸造根据需要也可运用冷铁，由于 V 法铸造可借真空吸力来固定冷铁，所以设置冷铁更为方便。V 法铸造时设置冷铁应在覆模成型以后、填砂以前进行。如图 1-22（a）所示，对于小块冷铁可直接放在已覆模的薄膜面上，然后填砂、震实，抽气后即可将冷铁固定在需安放的位置。对于面积较大的冷铁，安放时采用埋入方式来放置［如图 1-22（b）所示］，其原因是面积较大的冷铁直接与薄膜面接触，震实型砂时，往往会有一层薄砂挤入薄膜与冷铁之间，冷铁将这层薄砂与其他砂子分隔开，浇注金属液时，该处薄膜一烧失，此层薄砂极易被金属液冲刷带走，而造成铸件夹砂。为了防止此种情况发生，在面积较大的冷铁面上钻孔或开槽，使震动时，挤入的这层砂子通过冷铁上的孔或槽，与砂箱内的其他砂子连通［图 1-22（c）］，这样在浇注时，该处烧失后，在真空泵的抽气作用下，因被烧失薄膜所形成的气体向外渗透，可使这层薄砂与附近的砂子一起结成壳层，就能维持所需的强度，而不致被金属液冲刷带走。

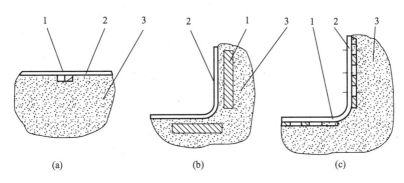

图 1-22　冷铁的设置
1—冷铁；2—塑料薄膜；3—型砂

c. 砂型修补。Ｖ法铸造的铸型，若因操作不慎或其他原因，型腔表面局部出现凹凸处或薄膜破损时，就需要进行修补。修补的方法是：先将该处的薄膜切开，用干砂补平，然后再覆上一块薄膜，并用粘胶密封即可。

当薄膜破损，出现局部漏气现象时，剪一小块塑料薄膜覆上，即可将漏气处封住。若薄膜破损面积较大，最好在贴补处用粘胶粘牢，则密封性将更为可靠。

③ 制芯。现有的Ｖ法铸件生产工艺要求使用含有有机黏结剂的黏土砂基、冷硬砂基、水玻璃砂基及其他材料为基的砂芯。采用Ｖ法制芯可降低落砂劳动量，获得内表面光洁的铸件，组织统一的造型、制芯工艺过程，节省造型材料，改善劳动卫生条件和生态环境。此外，使用黏结材料基的砂芯要求拥有砂处理设备，而冷硬砂基材料则需要再生设备，这种设备在用Ｖ法制芯时可避免使用。

制芯前应按一般设计芯盒的要求，制造带有抽气室的芯盒。芯盒可用木料或铝合金制成。现举一个圆柱形芯的芯盒为例，其结构如图 1-23 所示，芯盒中设有空心的抽气室 1，其内壁面（即芯盒的成型面）上钻有若干抽气孔 2，并在抽气室的外壁面上焊有管接头 3，通过它可用软管与真空泵接通。制芯的工艺过程如图 1-24 所示。图中 1-24(a) 是先在芯盒内面 1 上覆模。此后如图 1-24(b) 中所示，将两半芯盒体组合在一起，并在中间插入一根有透气性但又不会吸入砂粒的抽气管 4，一般可采用金属软管，此外也可采用普通钢管，但须在其壁面上钻许多小的抽气孔，外裹以细目的金属丝网。下一步如

31

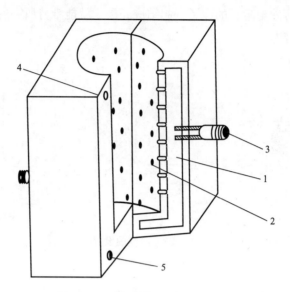

图 1-23　V 法用的圆柱形芯的芯盒

1—抽气室；2—抽气孔；3—管接头；4—定位销；5—定位孔

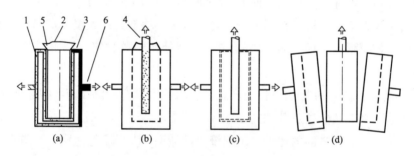

图 1-24　V 法制圆柱形芯的工艺过程

1—芯盒内面；2—抽气室；3—抽气孔；4—抽气管；5—薄膜；6—管接头

图 1-24(c) 中所示，填入干砂加以震实，并将上端薄膜封口，同时使插在芯子里的抽气管 4 与真空泵接通。最后如图 1-24(d) 中所示，使芯盒的抽气室与真空泵断开，撤除芯盒即得到 V 法制的型芯。这样制成的型芯不用烘芯，即可下到型腔内，然后合箱浇注。和 V 法制型一样，在整个制芯、浇注、直到铸件凝固的过程中，插在芯内的抽气管，需始终与真空泵接通，待铸件冷凝后，才能撤除它与真空泵的通路，此时，由于真空消失，芯砂即自行溃散，并可由铸件的内腔中倒出来，所以清砂较方便。

需要注意的是，插入型芯中的抽气管，由于具有一定的强度及刚性，一般即可起到芯骨的作用，所以，V 法制芯通常可不必另加芯骨。

　　形状简单的型芯用 V 法制出并不很困难，但铸件内腔形状复杂时，就会遇到许多技术上的难关，其中主要的困难是抽气管的设置、薄膜的成型以及型芯的填砂和紧实。

　　为了突破 V 法制芯这一技术难关，近年来国内做过一些探索工作，积累了不少有益的经验。其中武汉 3604 工厂与华中科技大学合作，开展了用 V 法制芯的试验工作，他们的经验是采用垂直分型，平做立浇工艺，则 V 法制芯中的某些难题较易得到解决，例如计量箱的 V 法制芯及车床床身的型芯，传统造型方法一般都是采用若干个泥芯块组合成的〔如图 1-25(a) 所示的车床床身，是由 7 个芯块组成的〕；V 法造型采用垂直分型工艺时，则可将这些芯块连接起来，使形成一个整体型芯，这样便于设置抽气装置，如图 1-25(b) 所示。在此整体型芯内装有数根金属抽气软管 2，这些抽气软管分别与抽气盒 4 连接，再通过软管接头 7 与真空泵接通，这样即可使整个型芯具有足够的压力差，来保持其形状和强度；并可避免因外接抽气管太多，下芯时操作不便。整个抽气装置固定装在座板 6 上，此座板即为砂型合箱时的底板。

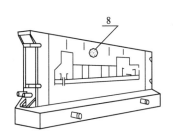

(a) V 法制的车床床身整体型芯

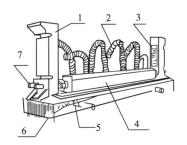

(b) V 法制的车床床身整体型芯用的抽气装置

图 1-25　V 法制的型芯及所用的抽气装置示例

1—型芯箱壁；2—金属抽气软管；3—抽气口；4—抽气盒；
5—手把；6—座板；7—软管接头；8—型砂

　　由于型芯上凹凸部分高差较大，开口宽度又小，覆膜成型较困难，容易出现褶皱现象，影响砂的充填。解决的办法是用宽度略小于型芯凹处开口尺寸的钢条，按照凹处的轮廓形状，弯制成一个成型压框，如图 1-26 所示。制芯覆

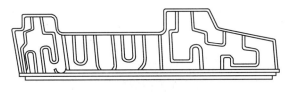

图 1-26　辅助薄膜成型用的压框

膜时先将此压框对位放在薄膜上，接通真空泵抽吸薄膜时，在重力作用下，薄膜按压框钢条的形状产生局部变形，向下延伸，即可完全密贴在芯盒上各凹处成型，而不会出现薄膜的褶皱现象。

目前，V法制芯技术尚处于探索阶段，一旦V法制芯能突破工艺上的困难，V法造型必然会进一步飞跃发展。

1.3 制型装备及生产线

1.3.1 塑料薄膜加热器

加热的目的在于提高薄膜的成型能力，只有覆在模型上的薄膜才需加热。在日本，常用的加热方法有电阻丝及丙烷气两种，在国内则采用电热远红外加热，这种方法结构简单，性能可靠，值得推广。

制造加热器时要特别注意热量情况，应分成三种温度区域，如表1-9，通过热交换达到温度均匀一致，表1-10为加热器各组电压与温度的关系。

表1-9 加热器温度区域

Ⅰ	Ⅰ	Ⅱ	Ⅱ	Ⅰ	Ⅰ
Ⅰ	Ⅱ	Ⅲ	Ⅲ	Ⅱ	Ⅰ
Ⅰ	Ⅱ	Ⅲ	Ⅲ	Ⅱ	Ⅰ
Ⅰ	Ⅰ	Ⅱ	Ⅱ	Ⅰ	Ⅰ

表1-10 加热器各组电压与温度的关系

组　别	电压/V	温度/℃
Ⅰ	140～170	240～270
Ⅱ	120～160	220～250
Ⅲ	110	170

薄膜加热所需的时间，可根据薄膜种类和厚度通过试验确定，一般达到薄膜出现镜面下垂即可。

薄膜软化及成型的温度范围是100℃左右，热空气加热器、煤气或电辐射加热器都可用来加热薄膜，加热器一般装在轻型框架上，而框架则固定在欲加热的薄膜面上；选择薄膜处理装置的方案时，其考虑的要点是：

① 必须在全部面积上，均匀地把薄膜加热到一定温度；

② 加热时间必须准确，薄膜加热适当，则会失去它的不透明性，并且中

间出现下垂。特别在机械化或全自动化的场合中，必须精确地控制时间；若加热不适当，则薄膜不能按模型轮廓成型。反之，过度加热，则在薄膜上会产生大孔洞；

③ 操作薄膜必须迅速，因它一旦从加热器上移走，其温度就会很快降低，从而失去它的成型性。

1.3.2　模型及型板

（1）模型

在 V 法造型中，模型不直接与砂型接触，并且不受激烈的冲击、压实、高温和化学造型法中化学物质对模型的腐蚀，所以它变形较小，磨损少。模型可用其他造型方法常用的任何材料制成，例如木材、塑料和金属。此外也可用石膏、黏土和天然产物，如树叶、木料、贝壳类海生生物制成模型，它们用于生产精美的工艺品铸件。V 法对拔模斜度几乎没有要求，如有的模型不带斜度，甚至侧面内凹到 1°，也能从铸型中起模，模型上如有深的凹槽，则可能有问题，这是 V 法成型时，特别是当凹孔的宽度对深度的比值小于 1∶1.1 以下时，塑料膜可能吸不进这些地方。通常是利用一个成型塞子或类似装置，将塑料膜压进特别深的凹陷处。

V 法造型铸件的表面光洁度和尺寸精度，取决于模样的制作精度。模样用优质木型按一级木模质量等级制作，结构要合理，不变形不走样。在夏季工作环境下，模样表面应刷脱模剂。V 法造型产生砂型紧缩负量，一般木模不做出拔模斜度。木模凹凸棱角处要钝化成圆角，以保证薄膜成型质量。V 法的工艺过程对铸件精度影响不大，故应尽量制造出精度高，表面光洁度好的模样，以保证获得高质量、高精度的铸件。

在真空成型时，由于大气压产生的巨大压力遍及整个模型，如果不在模型背面和负压箱底之间适当的间隔处设置加强筋或支撑板的话，模型有可能变形。

在金属模型上钻孔时为了防止折断小钻头，可在需钻孔的位置先钻大孔而离表面 2～3mm 再用小钻头钻通，具有抽气均匀，不易堵塞等特点。在木质模型上钻孔，可不用麻花钻头，只需将钢丝前端在砂轮上磨成扁钻头形状，夹在手电钻上，即可方便地钻进深度 200mm 以下的抽气小孔。抽气孔开设的部位，随模型轮廓形状而异，但必须注意应开在模型的凸凹、折边、拐角等不易覆好薄膜之处，对于线条曲折、轮廓复杂的模型，抽气孔的间距应小些；对于形状简单，线型平直的模型，可把孔的间距留大些。并以塑料薄膜能够紧密地贴附在模样上为原则。

V法造型所用的模型，其表面不宜涂刷干漆片式溶液，也不宜涂刷耐温低于60～70℃的其他油漆，否则装烘热的塑料薄膜合上后会出现粘膜现象，而影响脱模，一般可在木模表面涂刷银粉来保护型面。起模时，由于塑料薄膜对模样的摩擦阻力小，而砂型真空抽气后产生紧缩，使模样与型腔壁间有一定间隙。因此起模阻力小，所以在V法模型设计中，拔模斜度可以很小，甚至可以不要拔模斜度。

由于铸型存在紧缩问题，合箱时分型面处砂型平面往往低于砂箱平面。此间隙浇注时易产生披缝，甚至跑火而造成塌型。所以要在型板的周边上固定橡皮垫框，其内部尺寸与砂箱内尺寸相同，厚度为1～3mm，这样铸型的分型面就会比砂箱面凸出1～3mm。合箱时上、下分型面是砂面接触，可消除间隙，从而提高铸型合箱后的密封性，能防止塌型及减少或避免铸件出现披缝。

(2) 型板

型板是模型与放置模型的底板的总称。由于V法铸造工艺的特点使其型板的结构和普通砂型的不同，在其下部设有抽气室。如图1-27(a) 所示，当管接头3与真空泵接通时，通过抽气室5和各个抽气孔4，就可吸附住覆在型板上的塑料薄膜。为了使薄膜能紧密地贴附在型板上，需要在型板的各凹凸折边处，特别是模型与底板相交的周边处，钻有许多 $\phi 1$～2mm的抽气小孔。型板的结构有整体式和装配式两种，图1-27(a) 所示为整体式的，其模型与底板是做成一体的，因其通用性较差，所以目前普遍采用装配式的型板结构。装配式型板可以根据需要，很快地更换不同的模型，不必另做带抽气室的底板，所以特别适用于少量和小批量生产。一般常将模型内侧做成空腔7，通过底板上的抽气孔4与抽气室5和真空泵接通，这样就在模型表面上形成了负压。为了能使塑料薄膜紧密地贴附在模型与底板相交的周边处，可以在沿模型分型面的周边垫厚0.5～1mm的垫片，使形成抽气缝隙11，如图1-27(b) 所示。另外，还可以在模型的分型面上开辐射状的沟槽10，此沟槽的宽度及深度各为3mm和1mm，使形成抽气孔隙，如图1-27(c) 所示，抽气时这样也可使薄膜密实地贴附在模型与底板相交的周边上。

装配式型板的底板，如图1-28所示。与常用的不同之处在于台面上钻有一些小的抽气孔1，下部设有一个抽气室2，在抽气室的侧面还焊有一个管接

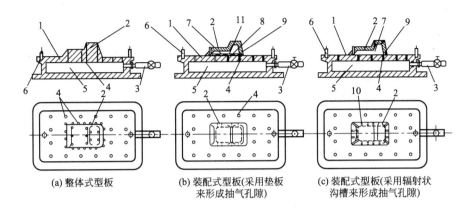

图 1-27 型板的构造

1—底板；2—模型；3—管接头；4—抽气孔；5—抽气室；6—砂箱定位销；

7—模型空腔；8—垫片；9—模型定位销；10—模型分型

面上的辐射状沟槽；11—垫片形成的抽气缝隙

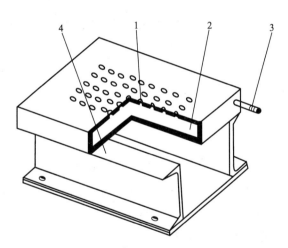

图 1-28 装配式型板的底板

1—抽气孔；2—抽气室；3—管接头；4—底座

头 3，可用软管与真空系统接通，在底板的下部应装置震动器。

　　型板可用多层胶合板制作，为保证模板强度和刚性，依据砂箱面积大小确定其厚度，在模板水平投影轮廓线上，钻出通气孔或镶入通气塞，气孔直径一般为 0.8～1.5mm、孔距小于 50mm，通气孔的总数量视铸件形状和尺寸而定，为防止铸件产生飞刺和浇注时金属液溢出，在型板周边安装厚度 3mm 的橡胶垫。

1.3.3 负压箱

负压箱（图 1-29）固定在震实台上，是一个密封的箱体，箱体侧壁装有手动或自动快开球阀，负压箱的上端装有模样型板，组成一个全封闭的负压箱体，为了防止箱体和型板的变形，负压箱箱体内焊有若干筋板，增加负压箱箱体的强度。

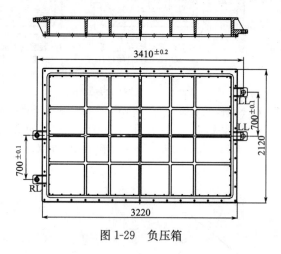

图 1-29　负压箱

负压箱外形尺寸 1350mm×1150mm。

1.3.4 震实台

V 法造型时，砂粒的充填度对铸件质量有很大的影响。铸型真空度对铸型强度起主导作用，然而在 V 法造型时，不含黏结剂的型砂几乎没有初始强度，只有在震实和吸真空后，铸型的型腔形状靠砂粒间相互作用的摩擦力和镶嵌作用力来保持平衡。如果在吸真空前，铸型的紧实度较低，当铸型吸真空时，势必使型砂颗粒产生较大的位移，起模后型腔尺寸与轮廓和原来模型的尺寸、形状将有较大的失真。同时，铸型分型面产生较大的凹陷，以致引起浇注时跑火。可见，铸型在吸真空前进行足够的震实是必要的。

用人工捣实的方法不方便，而且捣实时易弄破薄膜。由于震动器激振力不够大，用延长震动时间或反复震动、吹气等方法都达不到明显效果。因此，在 V 法造型中，震动紧实型砂工序是必不可少的。

型砂在铸型内的充填密度，会随着震实台加速度的增加而急剧地增大。当震实台的加速度较小时，适当地延长震动时间，虽然可提高一些型砂的充填密度,但效果不明显。为了在短时间内得到较高的型砂充填密度,也许应该选用具有较高加速度的震实台,但是过高的震动加速度会产生噪声,使操作人员产生不舒适感,并易使靠近模型面的型砂疏松,反而会带来不利的后果。因此,用试验表明,用加速度为 $0.8 \sim 1.0g$(g 为重力加速度)的震实台,对于 V 法造型是较妥当的。

目前,国内用于 V 法铸造的震实台有 DZ-300V 型可控硅电磁激震器及 DZ$_4$ 型电磁激震器。此外,也有采用偏心震动器的,它是在转速约为 3000r/min 的电动机轴上装有一偏心块。震动器的个数可根据所需震动力的大小来配置。

日本新东公司生产的 V 法造型震实台采用震动电机,如图1-30所示。其规格如表 1-11 所示。

表 1-11　砂型震实台规格

项　目	VTS-0909	VTS-1515
外形尺寸/mm	900×900×400	1500×1500×550
最大负荷/kg	1000	2500
震动电机/kW	0.32×2	0.6×2

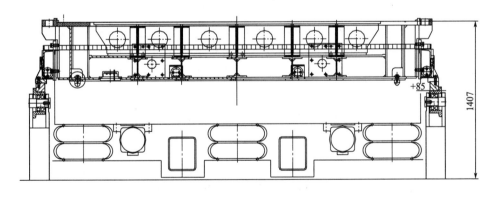

图 1-30　日本新东公司震实台

1.3.5　砂箱

V 法造型所用的砂箱结构与普通造型砂箱不同,其最大特点是四壁密封,并且内部须装过滤、抽气装置。如砂箱尺寸过大,则应设置抽气管,其间距为 200~300mm。

根据抽气装置的特点、安装位置不同、铸件的大小及工艺要求,可设计不同形式和不同规格的 V 法专用砂箱。下面介绍几种类型的 V 法专用砂箱。

（1）侧面抽气砂箱

砂箱由箱体、过滤网、固定过滤网孔板合箱定位座、左右抽气单向阀及吊箱支座等组成，如图 1-31 所示。

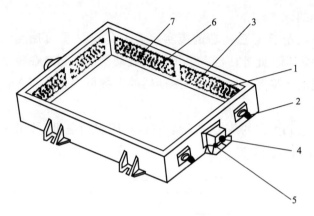

图 1-31　侧面抽气砂箱

1—箱体；2—单向阀；3—抽气孔；4—吊钩；

5—定位座；6—金属丝网；7—压板

箱体 1 由钢板或槽钢焊接而成，形成环形外壁、内壁的夹层腔，滤网孔板上钻有许多均布 $\phi25$ 的孔，并要求两板的孔一致。砂箱的外壁焊有合箱定位座 5 可呈同轴安装也可对角安装。该座一侧钻有定位孔，另一侧钻有椭圆形孔，利于合箱，左、右抽气单向阀 2 固定在外壁上并和内壁、外壁的内腔相通，一边抽气时另一边自动密封。当造好的型腔需吊装到合箱区时，只要接通砂箱另一侧的真空管道，关闭造型机的真空，则单向阀自动密封，并可撤去造型管道里的真空。

侧面抽气砂箱的顶面无横挡，因此，对浇注冒口系统的设置比较方便，不易受到影响，但这种砂箱由于自身的特点，即抽气孔都是在内壁面上，靠近内壁面外的真空度较高，而砂箱中心的真空度稍小，从而影响铸型的硬度。特别是对于结构较复杂的铸件，则更易显示出它的不足，而形成塌型。所以建议采用此种砂箱时应根据铸件的特点而定，砂箱的面积不宜过大，砂箱也不宜过高。

（2）侧顶面抽气砂箱

为了解决上述问题，在砂箱结构上又作改进。如果砂箱较大，可采用在砂箱的上部设计成纵横交错的槽形风箱，如图 1-32 所示，风箱下部钻有小孔，如用砂箱侧板的形式，用滤网及带孔的钢板压封，在大尺寸砂箱的情况下保证砂型的紧实度。

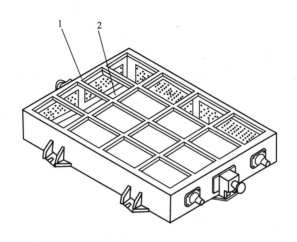

图 1-32　侧顶面抽气砂箱

1—箱体；2—槽形风箱（下部带网孔）

（3）管式抽气砂箱

该砂箱是一种适合于大、中、小各种类型的较为理想的砂箱，如图 1-33 所示。由于砂箱内有均匀的抽气管道对铸件的浇冒口设计有一定的影响，而且它在钢管上的筛网也极易损坏。

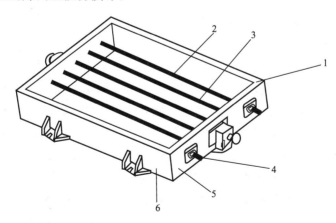

图 1-33　管式抽气砂箱

1—箱体；2—抽气管；3—抽气孔；4—单向阀；5—侧壁；6—端壁

这种砂箱的结构是由钢板焊接成完全密封的夹层，夹层的中间部分形成抽气室，并在内壁的对称面焊接钻有许多小孔的钢管与抽气室相通。并在抽气管的外面一层包过滤用的不锈钢丝网或铜筛网，以防止细砂或粉尘吸入泵内影响泵的寿命。由于这种砂箱利用每根钢管上的抽气孔抽气，所以砂型的各处得到较为均匀的真空度，铸型的强度相对较高。钢管的分布可由砂箱的大小及铸型的特征来定，一般间距为 200～300mm。

（4）金属软管抽气砂箱

由于中、小型铸造厂多品种小批量的生产，砂箱尺寸规格不一，很难实现砂箱的通用性，因此设计了一种简易、灵活的新型抽气砂箱，如图 1-34 所示。

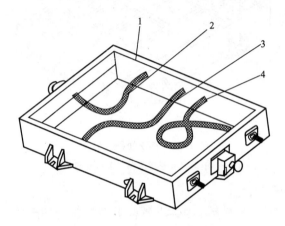

图 1-34　金属软管抽气砂箱

1—单壁砂箱；2—软管挂钩；3—金属软管；4—管接头

这种砂箱结构简单，由单层壁构成或者是夹层气室，砂箱内绕挂着一段金属软管（即常用的电线保护软管），软管的一端接着真空系统的抽气接头，另一端呈环形状，端部密封。当真空泵抽气时，通过金属软管的各活动节的缝隙来抽吸砂料中的空气，又能起到阻止细砂及粉尘的吸入。此种砂箱最好在进入真空泵前通过袋式除尘器净化。此种砂箱内软管的位置可随铸件的需求而变化。对于需要局部增加紧实度的位置极易实现。软管的放置不宜离型腔表面太近，根据使用经验以大于 30mm 为较理想位置。金属软管的直径及长度应根据砂箱大小及铸型的特征来选取，一般都选用直径为 25mm 及 35mm 两种。金属软管砂箱具有抽气效率高，寿命比铜网长 10 倍以上，但由于气隙稍大，有部分粉尘将吸集在泵前的除尘装置里。采用金属软管来源广、安装方便、维护简单，与砂箱软管的连接借助一个锥管接头，使大端尺寸等于软管内径。软管易装易卸。它可挂在砂箱内壁上，也可埋入泥芯里，尤其适用于改装普通旧砂箱。装在砂箱壁上的抽气软管，最好用栏杆保护，以免破损造成漏砂。

（5）吸盘抽气砂箱

该砂箱是为制造大型 V 法铸件而设计的一种砂箱结构，如图 1-35 所示。它的特点是在侧面抽气砂箱内，加装一个扁平形的吸盘 3，这种吸盘可根据铸型特点放置在砂箱内适当的位置。在砂箱减压时，吸盘也减压，这样即可使砂箱内的全部型砂获得均匀一致的真空度，吸盘不仅适合于大的铸型，也适合于浇冒口较多、较复杂的铸型。吸盘的大小形状应与模型相匹配，可以用一个大吸盘，也可同时用几个小的吸盘，这样就可用一个砂箱来铸造多个铸件，扩大砂箱的通用性，这种砂箱不太适合于大批量机械化生产。

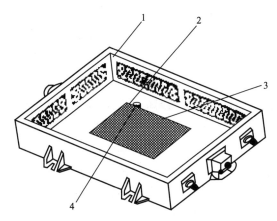

图 1-35　吸盘抽气砂箱

1—侧面抽气砂箱；2—金属滤网；3—吸盘；4—管接头

（6）多吸头抽气砂箱

如图 1-36 所示，在常用的单壁砂箱的内壁上，固定一个圆柱形的抽气室 2，此抽气室是用普通钢管将两头封死制成一个中空的气室，在砂箱的壁面一侧焊有一个抽气管接头 3，并与抽气室相通，以便接软管与真空泵相通。在抽气室的另一侧，焊有几根软管接头 4 与各耐热软管 5 相接，耐热软管可用聚四氟乙烯、聚酰胺或硅橡胶等耐热材料制成，也可用金属软管。在耐热软管 5 的另一端装有吸头 6，吸头上装有滤网 7，这样即形成了一个供 V 法造型用的抽气砂箱。此种砂箱的吸头及大小，可根据砂型的需要决定来确定吸头上滤网孔眼的大小，选用多少目数的网，应以保证砂子不被吸进抽气系统中为原则。这种砂箱的操作与前述两种的砂箱大体相同，只是吸头 6 在砂箱中的位置须按预定方案埋设，才能取得好效果。

此种砂箱的优点是砂型能得到均匀而较高的强度，此外，这种砂箱的箱

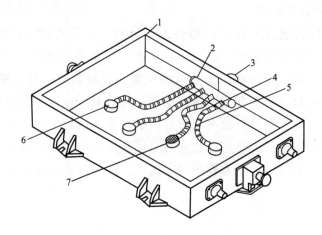

图 1-36　多吸头抽气砂箱

1—砂箱；2—抽气室；3—抽气管接头；4—软管接头；

5—耐热软管；6—吸头；7—滤网

体，既可用普通砂箱改装也可用侧面抽气式砂箱，所以制作及维修均较方便。

　　除以上几种形式的抽气砂箱外，还可以根据铸型的特点，制造多种形式的抽气砂箱，以适应 V 法铸造工艺的某些特殊的要求。如图 1-37(c) 所示的铸型，是由上型 A 及下型 B 组成。上型 A 所用的砂箱为侧面抽气式；而下型 B 所用的砂箱为漏斗形，为五面封闭的容器结构，内壁 1 的面上钻有许多抽气孔 2；内壁 1 的上部与外侧壁 3 的上翼缘 4 处焊死；内壁 1 的下部设有开口 5，这样中空部分就形成了抽气室 8。底板 6 的开口处装有可绕铰链 9 转动的挡板 10。造型时，如图 1-37(a) 所示，先将漏斗形砂箱翻过来，使开口 5 朝上，进行覆膜、套箱，再从开口 5 处向箱内填砂。砂子填充满后，关闭挡板 10，然后使砂箱接通抽气软管，脱模后即可得到下型，上、下型合箱后，即可浇注。铸件冷凝后落砂时，打开挡板 10，砂箱内的干砂，就因自重从开口 5 处流入落砂斗 11 中，可收回再用。

　　这种砂箱加砂和落砂均较方便，工作效率高。此外，由于下箱底面不用薄膜密封，使薄膜的消耗量有所减少，也使该处的密封更为可靠。

　　如图 1-38(d) 所示，其特点是砂型部分超出砂箱。制造这种砂型，采用特殊的砂箱 [图 1-38(a)] 和特殊的型板 [图 1-38(b)]。砂箱 [图 1-38(a)] 是在管式抽气砂箱 1 的基础上，加装了几根 W 形的抽气管 2。型板 [图 1-38(b)] 也是在四周加了空心竖壁 3，此四周空心竖壁是形成砂型分型面的模型部分。铸件的模型部分 6，则放在底板 5 上，所以型板是上部开口的空心壁的箱形结构。利用这种砂箱和型板造型的工艺如图 1-38(c) 所示，制成的砂型如

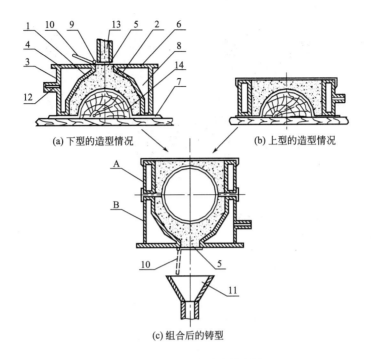

(a) 下型的造型情况　　　　(b) 上型的造型情况

(c) 组合后的铸型

图 1-37　下型为漏斗形砂箱的铸型

A—上型；B—下型

1—内壁；2—抽气孔；3—外侧壁；4—上翼缘；5—开口；6—底板；

7—薄膜；8—抽气室；9—铰链；10—挡板；11—落砂斗；

12—抽气管；13—进砂口；14—模型

图 1-38(d) 所示。

对于 V 法造型用的砂箱，除安装过滤抽气装置外，还应考虑塑料薄膜与箱体间的密封性，所以砂箱两端面应经过机加工。对于中、小型砂箱，只要使覆盖砂箱的上、下薄膜比砂箱的边长出30～50mm，造型时使此多余的部分卷扎起来，一般可达到较好的密封。

近年来，国内在实践中也创造出一种简便易行的密封薄膜周边的方法，即将薄膜的余边折卷在砂箱壁面上，并利用若干小块永久磁铁，将薄膜的余边吸附在砂箱的四个壁面上，由于塑料薄膜不阻隔磁性，所以当永久磁铁吸附在砂箱壁面上的时候，即可同时将塑料薄膜的余边也牢固地压在砂箱壁面上。把永久磁铁吸附在砂箱壁面上，或从砂箱壁面上取下来都十分方便，所以这种方法既适用于小型砂箱，也适用于大、中型砂箱，可以认为是一种比较理想的密封薄膜周边的方法。

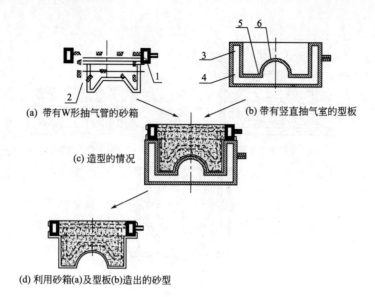

(a) 带有W形抽气管的砂箱　　(b) 带有竖直抽气室的型板

(c) 造型的情况

(d) 利用砂箱(a)及型板(b)造出的砂型

图 1-38　凸出砂箱面的砂型

1—管式抽气砂箱；2—W形抽气管；3—空心竖壁；

4—型板；5—底板；6—模型部分

1.3.6 真空抽气系统

在Ｖ法造型中，影响铸型强度的因素很多，如型砂的粒形及粒度分布，铸型的紧实率及真空度等，但以铸型的真空度和紧实度为主要因素。

真空抽气系统由真空泵、稳压罐、除尘器及阀门连接管道所组成，如图1-39所示。

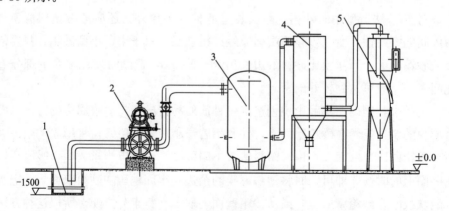

图 1-39　真空抽气系统

1—水池；2—真空泵；3—稳压罐；4—袋式除尘器；5—旋口除尘器

在设计真空抽气系统时，首先要确定真空泵的容量，应考虑以下几个因素：

① 需同时在真空下工作的砂箱尺寸和数量；

② 同时浇注的铸型数量；

③ 铸件的尺寸和形状；

④ 紧靠薄膜的铸型表面的透气率，它控制着通过塑料薄膜上的裂口而进入铸型的空气量，因而在浇注时，铸型涂料有助于提供一个"辅助密封层"。

对一个紧实良好的 V 法铸型，空气占有的容积大约是总体积的 30%，存在于砂粒间的空气在铸型与真空系统连接后几秒钟内即可抽走。

为保持真空度，必须除掉在后来漏进的空气。在浇注过程中，当来自金属液的辐射热大面积地汽化密封的塑料薄膜时，这时漏气达到最大值。图 1-40 表明因塑料薄膜表面积的移走使真空度的下降加剧。然后，值得注意的是：即使移走 50% 或更多的面积，铸型仍能维持原状而不溃散。

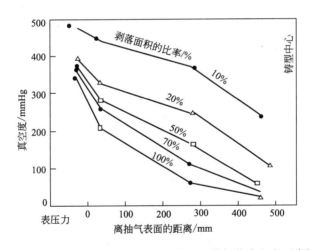

图 1-40　由于密封薄膜从铸型上移走的面积增加使真空度下降加剧

1mmHg＝133.322Pa

真空抽气系统容积计算如下。设整个系统的容积为 $V(\mathrm{m}^3)$，真空泵的抽气速度为 $S(\mathrm{m}^3/\mathrm{s})$，漏气流量为 $Q_0(\mathrm{MPa \cdot m^3/s})$，系统内原有气体量为 pV，故在 $\mathrm{d}t$ 时间内，系统内压力变化为 $\mathrm{d}p$，则：

$$\frac{pV - pS\mathrm{d}t + Q_0\mathrm{d}t}{V} = p + \mathrm{d}p \tag{1-1}$$

$$\mathrm{d}p = \frac{Q_0 - pS}{V}\mathrm{d}t$$

积分得
$$\frac{S}{V}t=\ln\left(p_0-\frac{Q_0}{S}\bigg/p-\frac{Q_0}{S}\right) \tag{1-2}$$

或者
$$t=\frac{V}{S}\ln\left(p_0-\frac{Q_0}{S}\bigg/p-\frac{Q_0}{S}\right)$$

因此，系统压力与抽气时间的关系为：

$$p=\left(p_0-\frac{Q_0}{S}\right)\mathrm{e}^{-\frac{S}{V}t}+\frac{Q_0}{S} \tag{1-3}$$

式中　p_0——系统初始压力，MPa；

　　　t——抽气时间，s。

（1）真空泵

真空泵有湿式和干式两种。湿式真空泵是利用水来密封的，故又称为水环式真空泵或水封式真空泵。采用湿式真空泵，需供给一定的水来保证其正常工作。在日本，一般装在地面上供覆膜、造型及浇注时抽气用的为湿式泵，即水环式真空泵；装在行车上供铸型转运时抽气用的为干式泵，对泵的真空度及抽气量的选择是 V 法造型成败的关键。生产中一般最高真空度在－66500Pa（－500mmHg）左右即可，国产水环式真空泵均能满足要求。

水环真空泵的工作原理见图 1-41。在椭圆形的泵体中装有叶轮，当叶轮按图示箭头方向转动时，因离心力的作用，注入泵体中的液体被甩向泵体内壁，形成一个形状与泵体内壁相似、厚度接近相等的液环。随叶轮一起旋转的液环内表面与分配器外圆面之间形成上下两个月牙形空间。

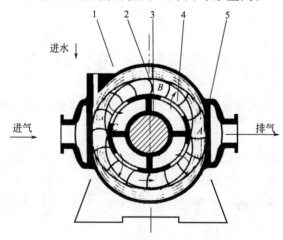

图 1-41　真空泵工作原理

1—泵体；2—叶轮；3—泵轴；4—分配器；5—液环

当叶轮由 A 点转到 B 点时，两相邻叶片所包围的容腔从小逐渐变大，产生真空，气体由分配器的吸入口吸入；当叶轮由 B 点转到 C 点时，相应的容腔由大逐渐变小，使原先吸入的气体受到压缩，当压力达到或略大于气压力时，气体经气水分离器排到大气中。由 C 点再转到 A 点，重复上述过程。叶轮转动一周，发生两次吸气和排气，故称双作用。

工作液通常为常温清水，如水质容易结垢，应经软化后再使用。工作液除了起形成液环作用外，还起着带走气体压缩热以及密封侧盖、分配器与叶轮之间间隙的作用。

运行时，泵体内的部分水随气体排出，须连续向泵内供水。应尽可能采用较低温度的工作水，工作水的温度尽量不要超过40℃。工作水应不含固体颗粒，如工作水中混有颗粒或脏物，应在供水管路上装上过滤器或过滤网，以防水环真空泵内零件磨损或叶轮卡死。

真空泵及管路系统的安装如下。

水环式真空泵机组由水环真空泵、电机、传动装置和支承连接件等组成。

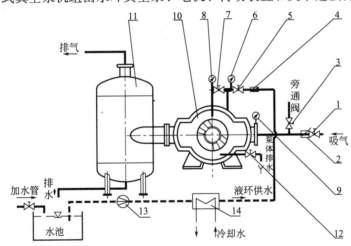

图 1-42　真空泵管路系统布置

1—进气闸阀；2—吸入侧止回阀；3—旁通闸阀；4—供水流量计；5—泵体供水
闸阀；6—泵体供水压力表；7—轴封供水闸阀；8—轴封供水压力表；
9—吸入真空表；10—水环真空泵；11—气水分离器；12—泵体
排水闸阀；13—增压水泵；14—热交换器

管路系统的安装，可参考图1-42的管路布置方法，在安装进气管路时，应先清除管路焊渣、铁锈及脏物。对于新启用的管路，应装上20～30目/in滤网。滤网装夹在管路的两法兰之间，滤网的外圆周要留有一定的装夹余量，以免被吸入泵内。使用一段时间后，确认管路无异物方可取下。新启用的管路滤网网眼容易有杂物阻塞，会影响气体吸入，应及时拆卸清除。供水管路在接上泵之前应先通水清洗，确保水管内杂物被冲干净后才接上泵使用。

为了防止突然停机等因素造成工作水倒流到真空系统中，应在进气管上装上止回阀及相应闸阀。

检查进气管路及供水管路的密封性。进、排气管管路及阀门口径应不小于真空泵的进气口径及气水分离器的排气口径，以免增大气体的吸入及排出阻力。

在供水管路装上压力表，在吸气管路上装上真空表。管路系统可参照图1-42的布置形式。

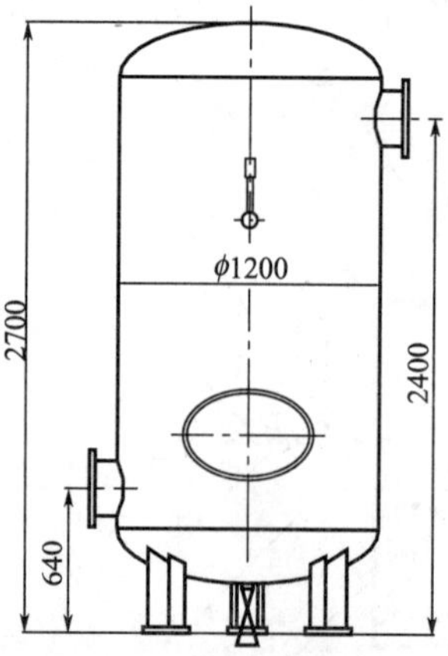

图1-43　稳压罐结构

真空泵的抽气量可根据砂箱尺寸、同时造型的砂箱数以及真空系统除砂箱外的漏气量决定。

$$S \geqslant Q_1 + 2WNAB \qquad (1-4)$$

式中　Q_1——真空系统除砂箱密封面外的漏气量；

　　　W——薄膜的单位面积平均漏气量；

　　　N——同时造型的砂箱个数；

　　　A，B——砂箱内框尺寸的长、宽。

（2）稳压罐

稳压罐（图1-43）是一个密封的容器，其作用主要是稳定真空系统的压力，缓冲系统压力波动及对造型工作的影响，同时也起到过滤粉尘的作用。其工作原理为从砂箱内抽出的含有微粒的砂粒及粉尘气体最好先经过旋风除尘器、布袋除尘器处理后再进入稳压滤气罐，能起到很好地保护真空泵的效果，稳压罐容积的过小稳压效果便差，反之系统从启动到可进行造型时间过长，则动力消耗大，占地面积也大。建议一般选择真空泵在启动30s内真空度小于0.05MPa。真空稳压过滤罐的容积大小由造型砂箱的数量来决定。真空系统的容积减去真空管道的容积就是所需真空稳压过滤罐的容积。

稳压罐容积计算。根据式(1-3)当$t \to \infty$时（进入稳定状态），则$p = Q_0 /$

S，即此时系统的压力等于系统漏气流量与抽气流量之比。当系统进入稳定状态后 $p=0.2\mathrm{MPa}$，抽气流量 $S=0.11\mathrm{m^3/s}$，故 $p=Q_0/S=0.02$，系统的漏气量为：

$$Q_0=pS=0.02\times0.011=0.00022\mathrm{MPa\cdot m^3/s}$$

要求系统在 30s 内达到可造型的真空度，其值必须小于 0.05MPa，据式 (1-2) 系统容积为

$$V=tS/\ln\left(\frac{p_0-Q_0/S}{p-Q_0/S}\right)$$
$$=30\times0.018/\ln\left(\frac{0.1-0.00022/0.018}{0.05-0.00022/0.018}\right)$$
$$=0.64\mathrm{m^3}$$

式中　　p_0——初始压力，取 0.1MPa；

　　　　S——系统维持可造型真空度的抽气流量，取 $0.018\mathrm{m^3/s}$。

真空系统的容积，主要是稳压罐的容积，启动后小于 30s 就可进入造型工作状态。真空系统启动后，稳压罐内压力随抽气时间的变化如图 1-44 所示。从图看出：

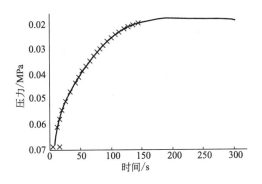

图 1-44　罐内压力-时间曲线

① 抽气 120s 后，系统压力趋于稳定（$p=0.02\sim0.018\mathrm{MPa}$）；

② 启动后 30s，系统真空度达到 0.05MPa 以下，可进行造型，不必达稳定状态之后；

③ 系统进入稳定状态后，其真空度基本不随时间而变化，$t\to\infty$ 稳定压力 $p=0.018\mathrm{MPa}$，此时，抽气流量为 $0.011\mathrm{m^3/s}$，由式 (1-3) 可以计算出系统的漏气量为：

$$Q_0=p_{t\to\infty}S\approx0.018\times0.011=0.000198\mathrm{MPa\cdot m^3/s}$$

系统压力达到稳定状态以后，测定了铸型表面硬度值及分布情况，如图

1-45 所示，各测定点间距为 50mm。

由图 1-45 可知，硬度很高（均在 90 以上），分布均匀，如铸型中心点（距抽气管最远）硬度为 94，与平均硬度 94.4 比相差甚小。其次，当系统达到状态条件下，铸型硬度与抽气流量、抽气时间的关系如图 1-46 所示。由图可知：

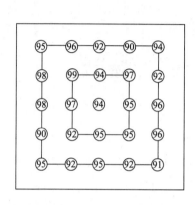

图 1-45　砂型硬度分布图

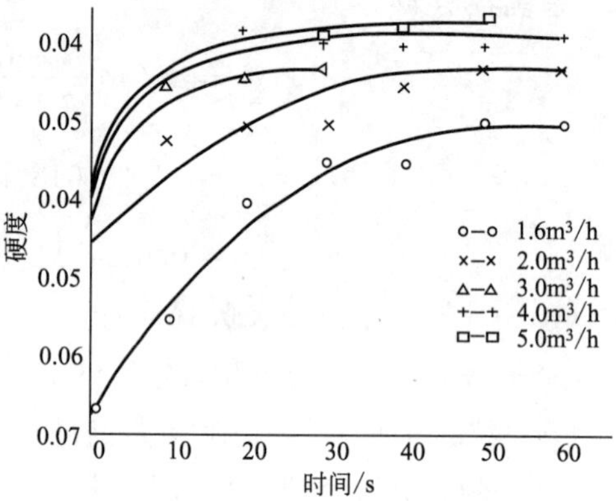

图 1-46　硬度、流量与时间关系曲线

① 当抽气流量一定时，铸型硬度随抽气时间延长而提高，说明铸型内的真空度提高，硬度也提高，当硬度值稳定以后，抽气量等于漏气量。

② 随着抽气流量的增加，系统达到稳定状态的时间缩短，图中硬度曲线的斜率增大，并且铸型的最终硬度也更高。

③ 本系统中，当抽气流量达到 5.0m³/h 时，再也无法增大抽气流量，说明铸型内已达到了真空系统的稳定压力，此时铸型的漏气量也达到了稳定值。而 SZ-1 型真空泵在 $p=0.02$MPa 时的抽气流量为 0.01m³/s，由此可计算出实验系统可同时带动的造型砂箱数量为：

$$n=\frac{0.01\text{m}^3/\text{s}\times3600}{5\text{m}^3/\text{s}}=7.92 \text{ 个}$$

（3）除尘过滤器

砂箱长时间的回用及浇注铁水对砂箱过滤网的破坏极易造成破损，砂子被吸入真空泵内造成磨损，最好在进入真空泵前增加旋风分离器及袋式除尘器。这样便能很好地起到保护真空泵的作用。在真空系统的设计中应保证除尘器的处理风量应和真空泵的气量相匹配，并保证不得有漏气现象出现。

（4）控制阀门及真空管道

真空管道的布置要合理，要保证在合箱浇注点均有真空管道和控制阀门，并由耐压塑料软管与砂箱连接。

一般真空管道均为无缝钢管，安装之前必须除锈处理并保证内壁光滑。

控制阀门及手动阀门应关闭，启动快捷、可靠、轻松，不得有漏气现象。

1.3.7　砂处理系统

1.3.7.1　砂处理设备

砂处理成套设备包括落砂、输送、过筛磁选、砂冷却等设施。

（1）自动落砂设备

型内金属液凝固后拆除负压管，让砂子溃散在砂箱内。落砂时连同铸型底部的托板一起吊运到落砂机上落砂，并将托板、铸件、砂箱、砂子及各种杂物分开。落砂机由推箱机构、震动筛、砂箱输送机构、吸尘罩等组成，其布置如图 1-47 所示。

气吊将铸型送至落砂机的托辊上，托板靠自重下落脱开砂箱。电机带动托辊转动，使砂箱平稳移动至除尘罩内，此时托板仍留在原来位置，用气吊运至造型辊道上；砂箱移动时，砂子及铸件落至震动筛上。铸件落入桶中，旧砂经过筛分落入砂斗，经震动输送机送至斗式提升机，铁豆及塑料杂物落至杂质箱中；大量的热气及粉尘经除尘器排出。自动落砂设备的主要技术参数如下：

铸型移动速度	0.12m/s
空砂箱移动速度	0.45m/s
推动铸型力	6kN
震动筛　频率	960Hz/min
功率	1.5kW
生产率	12 型/h
外形尺寸	3850mm×1300mm×2000mm

（2）固定式砂温调节装置

固定式水冷沸腾冷却床。落砂后的旧砂温度平均在 250～300℃，而工艺要求冷却后的旧砂温度为40～50℃。为此，采用如图 1-48 所示的固定式水冷沸腾冷却床对旧砂进行冷却，效果很好，砂温＜50℃，完全能满足工艺要求。其主要技术参数见表 1-12。

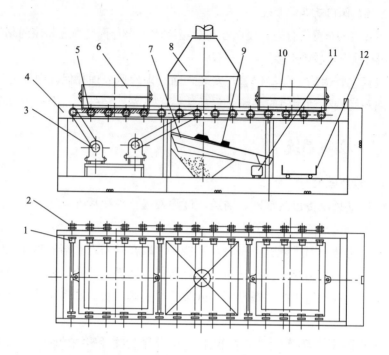

图 1-47　自动落砂装置

1—液轮；2—链传动；3—减速机；4—机架；5—托板；6—铸型；
7—筛板；8—吸尘罩；9—铸件；10—空砂箱；11—杂质箱；12—铸件车

表 1-12　固定式水冷沸腾冷却床的主要技术参数

型号	生产率/ (t/h)	风机型号	风机电机 功率/kW	水泵功率 /kW	冷却风机 /kW
S89B10	8～12	8－09No7.1D	11	4	
S89B15	10～15	8－09No7.1D	15	5.5	
S89B20	15～20	8－09No8D	18.5	5.5	1.10
S89B30	25～30	8－09No8D	22	5.5	1.50
S89B40	30～40	8－09No8D	30	7.5	1.50
S89B60	50～60	8－09No8D	37	7.5	2.20
S89B80	70～80	9－12No8D	45	11	3.00
S89B100	90～100	9－12No8D	55	11	4.00

　　用5mm钢板焊接而成的沸腾床箱体分为三层：底层为风箱，中层为冷却沸腾箱，上层为降压扩散箱。中层与底层间装设有气流分布板，板上装有数百个喷嘴。冷却沸腾箱内设有若干个交错排列的冷却水管，冷却水经水泵和玻璃

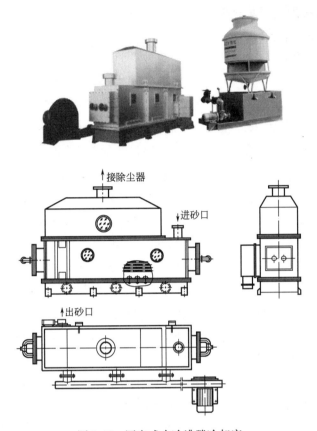

图 1-48　固定式水冷沸腾冷却床

负冷却塔循环使用。高压离心风机将压缩空气分三路送入风箱，并经喷嘴喷射到沸腾箱内；物料依靠喷嘴的喷射气流压差和喷射速度而移动。热砂经加料口进入沸腾箱，沿着冷却水管跳跃式滑移进行充分热交换，直至卸料口排出。进料的多少应保证沸腾箱内砂层的高度基本上将冷却水管全部淹埋，而物料流动的速度和冷却效果，可通过调节风量或卸料门开口的大小来达到。冷却床的技术参数如下：

生产率　　　　　　　5～10t/h

离心风机　风量　　　6760m³/h

　　　　　风压　　　12.28kPa

循环水流量　　　　　30t/h

综上所述，真空密封造型线砂处理设备的设计，必须注意热砂的冷却和降低旧砂的含尘量及环保问题。另外，还必须注意要根据造型用砂的性能来选用砂处理设备。

1.3.7.2 旧砂加用注意事项

（1）砂循环系统的问题

V 法铸造砂循环系统，其流程一般为：

```
┌→提升入斗→磁选→过筛→冷却→提升入库──┐
└─震动输送←格子板←开箱←加砂造型←造型砂斗←┘
```

旧砂回用率可达 95％左右，只需补充少量新砂。型砂重复使用时，砂中的粉尘量将有所增加，需要及时加以清除，可在各扬尘点设袋式除尘器，采用气力输送干砂和震动沸腾装置来去除粉尘，否则会影响铸型硬度，或使铸件表面产生脉纹状夹砂的缺陷。此外，当旧砂中夹杂的细碎薄膜残料未清除掉而被收回再用时，也会使砂的充填性变坏，夹杂物的去除可用震动筛，回用砂的含水量，一般不得超过 1％，否则会影响砂子的流动性和震实效果。一般在开箱落砂时旧砂温度高达 150℃左右，旧砂回用砂温度要求 50℃以下，过高会烫坏薄膜，因此，对旧砂的处理，主要是分离出大块杂物后使砂冷却。

干砂的输送要尽量用浓相气力输送装置，以避免砂尘飞扬，如用带式机输送则应进行密封，落砂格子板用固定式或震动式均可，筛分则需用震动筛。

（2）对公用要求的问题

加砂震实、开箱时以及干砂输送系统中有粉尘，用常规的袋式除尘器即可解决。水道的设计要考虑水环真空泵的用水能循环使用，以节约水耗。电气方面主要是供砂、回砂系统的 PLC 联锁控制，真空泵的启动器采用自动控制，即启动后能自动转换到运行位置。

在选用砂子时，还应该注意砂子的粒度、粒形，对铸型充填密度及强度的影响问题。

砂子的充填密度，对砂型的强度有直接的影响。实践表明，锆砂的充填密度最高，而石英砂及橄榄石砂较差。采用混合砂时，由于细砂易填充在粗砂的间隙里，所以可提高充填密度，但也要注意防止出现"偏析"现象。

1.3.8 V法铸造生产线

（1）单机 V 法造型机组

该机组［图 1-49(a)］分两台单机 V 法造型机分别造上箱和下箱，造型机由震实台、负压箱、型板、模样和顶箱机构组成，回转式电加热器可进行薄膜加热和涂料的烘干。可回转加砂装置是由可调容积式定量器、雨淋式加砂溜管和回转接头组成。操作程序：工人将回转电加热器移至造型机上方时，工人手持塑料薄膜加热覆膜并抽真空，喷（刷）涂料，烘干后用吊车将砂箱放在型板上将回转加砂溜管移至砂箱上加砂，并开动震实台进行震实，将砂箱上多余的砂刮平并盖膜，抽真空使铸型紧实，顶箱起模，吊车将铸型翻箱（下箱）放置托板上进行整形和修补，下芯，待另一台造型机上箱造好型后合箱放上浇口杯便可浇注。

（2）造型台车移动式 V 法造型机组

该机组［图 1-49(b)］分两台造型机进行上箱和下箱造型。在台车造型机上完成覆膜、喷（刷）涂料、涂料烘干，而后台车移至砂斗下加砂震实后又移出复位盖膜、抽真空、顶箱起模，吊车将铸型吊走。电动台车在固定的轨道上前后移动，台车上装有震动电机的震实台、负压箱、型板及模样。电加热器在台车的上部，有移动机构可兼管 2 台造型机使用，用人工烘烤覆膜，也可设计成自动加热覆膜机。覆膜抽真空后喷（刷）涂料而后进行涂料烘干，放置砂箱，完成上述工序后，驱动台车至砂斗下，空气弹簧进气，抬起震实台以上部分与加砂斗的雨淋下砂口对接，驱动下砂气缸，向砂箱加砂而后震实，当达到所需要时间后，震实停止，震实台下降，电动台车移至原位，盖膜给铸型抽真空，当铸型达到一定的紧实度后，铸型移

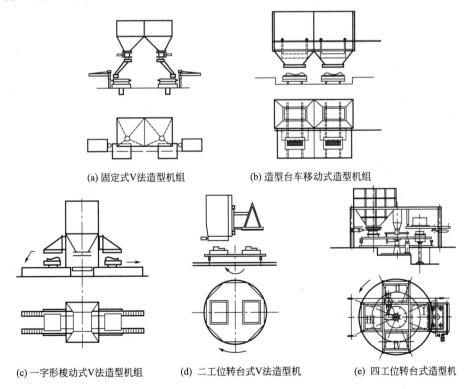

(a) 固定式V法造型机组　　　(b) 造型台车移动式造型机组

(c) 一字形梭动式V法造型机组　　(d) 二工位转台式V法造型机　　(e) 四工位转台式造型机

图 1-49　V 法造型机类型

到顶箱机构处进行顶箱起模，用吊车运至合箱处。

（3）一字形梭动式 V 法造型机组

该机组［图 1-49(c)］的设置由两台上箱、下箱造型机，造型机是由负压箱、型板、模样组成，可在输送滚道上往返移动，滚道中部设有震实台，20m³ 的贮砂斗正对震实台的中心，2 台电加热器分别安装在砂斗的两旁并在输送轨道的上方。

操作程序：上箱和下箱造型机分别安置在输送滚道的两端，清理模样后将造型机移至电加热器下，人工烘烤薄膜并覆膜（负压箱抽真空），并将造型机移至原位，检查覆膜质量并进行修补，喷（刷）涂料后再推到电加热器下进行烘烤，烘干后推移至原位，吊车放置砂箱，将整机移至震实台上，向橡胶弹簧充气，震实台上移与雨淋加砂口对接，气动插板阀打开，向砂箱加砂、震实，当震实结束后，刮去砂箱多余的砂，将铸型移至原位，盖膜后抽真空使铸型紧实，用吊车起模送至合箱浇注区。

德国瓦格纳——日本新东公司设计另一种型式的 V 法造型机。图 1-50(a) 为配有一个造型工位的梭动式 V 法造型机，为十字形布置，模样沿滚道移至震实台的上方，带驱动机构的电加热器覆膜，而后模样移至原位喷（刷）涂料进行涂料烘干，也移至震实台上方，用电加热器烘干。涂料干后模样移至原位，放空砂箱再移至震实台上方，可移动的定量砂斗，加砂震实，再移至起模机处，盖膜抽真空，当铸型紧实后，顶箱起模，运走，完成一个循环程序。

图 1-50(b) 为配两个造型工位梭动式 V 法造型机。可以完成上箱和下箱造型操作程序基本与上一个造型工位的程序相同。

（4）二工位转台式 V 法造型机

该机［图 1-49(d)］由二工位转台（包括驱动机构）、贮砂斗（包括加砂装置）、电加热器等在转台上放置上箱、下箱的负压箱、型板及模样、电动机减速器驱动齿轮使转台旋转，并有定位装置使其转台定位，震实台在砂斗的下方，与贮砂斗的加砂装置对中。电加热器可绕固定在砂斗上的支撑架旋转，当吊送砂箱及铸型时，加热器可旋转至侧面，当覆膜及烘烤涂料时可旋转至模样的上部。

操作程序：当转台处于原始位置时，（即处于第 I 工位）上箱模样处在电加热器下方，上箱模样处在震实台的上方。操作时，清理模样，并撒一薄层滑石粉，人工持薄膜烘烤，当薄膜加热下垂呈镜面时，立即覆盖并给负压箱抽真空，薄膜附贴在模型上，而后喷（刷）涂料并进行烘烤，当涂料干燥后，电加热器旋转至侧面，吊砂箱放在型板上并安放用薄膜包好的浇冒口，开动转台旋转 90°，气动定位销将转台定位，上箱正对震实台位置，打开进气阀向空气弹

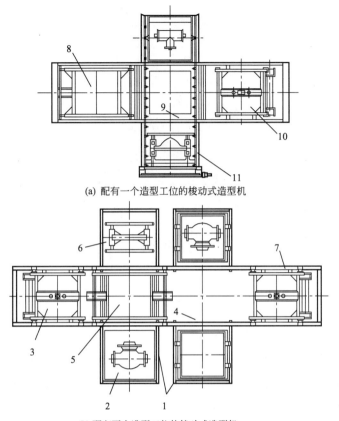

(a) 配有一个造型工位的梭动式造型机

(b) 配有两个造型工位的梭动式造型机

图 1-50　Ｖ法造型线各种不同的布置方案

1—滚道；2—模型小车；3,10—电加热器；4,9—震实台；
5,8—砂定量装置；6—起模；7—支架；11—顶杆起模

簧充气，震实台升起与贮砂口的雨淋下砂口对接，气动插板阀打开，向砂箱加砂并震实，震实时间到后，刮去砂箱上的多余砂。在上箱完成上述程序时，下箱也同时进行覆膜、喷（刷）涂料、烘干、放砂箱等工作，当上、下箱都完成各自的程序后，转台开始旋转 90°，旋转至原始位置，上箱盖膜抽真空，铸型紧实后吊至合箱浇注区，下箱完成加砂震实工作，即一个循环结束。

合肥铸锻厂自行设计的两工位转台 Ｖ法造型机（见图 1-51），基本属于这种结构形式。该 Ｖ法造型机主要生产各种叉车，装载机及其他机械设备用平衡重类灰铸铁件，年产量为 10000t，砂箱内尺寸 1750mm×1600mm×650/450mm，铸件表面光洁，表面粗糙度小于 R_a25，尺寸精度≤CTⅡ级，重量偏差≤MT7 级。不仅供给国内而且出口日本等国。

图 1-51 两工位转台式 V 法造型机

（5）四工位转台式 V 法造型机

江阴华澳公司为天津耐酸泵厂设计的四工位 V 法造型机基本属于这种类型，主要生产耐酸泵叶轮等不锈钢铸件。年产量 500～600t/年，砂箱内尺寸 1000mm×630mm×150/150mm，最大砂箱尺寸 1000mm×800mm×150/150mm，造型生产率 10～15 型/h。

该机（如图 1-52）主要由转台（带气动驱动和定位机构）、负压分配阀、

图 1-52 四工位转台式 V 法造型机

自动覆膜机、震实台、自动雨淋式加砂机构及贮砂斗等组成。转台上安放 4 台造型模样，两组上箱，两组下箱，分别由负压箱、型板、模样组合。转台由气缸驱动并有两个气动定位销确保转台定位无误，负压分配阀可根据各工位的抽真空要求自动抽气。自动覆膜机是将成卷的薄膜放在托架上完成吸膜、输送、烘烤、薄膜切断、起箱覆膜功能。震实台为平板式震实台坐在四个空气弹簧上，用震动电机激振，雨淋式加砂机构由格子板、气动插板阀控制加砂和关闭。整个动作程序由 PLC 程序控制。

操作程序：

Ⅰ工位：覆膜。它是由薄膜支撑架、托板（端部带负压）、空气弹簧、环形负压框、移动机构、远红外电加热器、起模机构等组成。动作程序是，先将塑料薄膜平放在托板上端部吸附，人工将薄膜拉紧，空气弹簧将托板升起，随后方形负压框将膜四周吸附，电动移动机构将方形负压框移至加热器下，当薄膜加热软化后，气缸将型板顶起进行覆膜，而后恢复原位。电切割气缸动作将膜切断，方形负压框返程至初始位置，完成第一工位的动作。

Ⅱ工位：喷（刷）涂料，放砂箱。喷涂料应根据造型工艺要求进行，采用人工喷涂，当涂料见干后用气吊将空砂箱安放在型板上。如果工艺需要，可采用远红外烘干器或热风将涂料烘干。

Ⅲ工位：加砂震实。它是由震实台、空气弹簧、加砂机构、排尘系统所组成。动作程序是空气弹簧充气，将型板砂箱同时抬起与加砂机构对接，依靠橡胶海绵与其密封，气缸插板阀动作，砂斗中的干砂经孔板落至砂箱中，随后插板阀关闭，震实台震动，干砂均匀地充满砂箱，空气弹簧放气返程复位。

Ⅳ工位：盖膜顶箱起模。动作程序是当型板负压撤出后，将真空环形装置上的负压软管与砂箱接通，使砂箱内的干砂获得一定的紧实度，顶箱气缸将砂箱抬起，人工吊运至合箱平台上，而后顶箱机构复位，完成一个铸型的造型工序。

如第一工序为下箱时，则第二工序为上箱，上、下箱在平台上合箱后，带着真空负压软管一起吊运到浇注转台上。

（6）八工位转台式Ⅴ法造型机

该机（图 1-53）可放置 4 块上箱模板和 4 块下箱模板，为了适应各种不同铸件的要求，砂箱内尺寸：800mm×（650～2500）mm×2000mm，砂箱高度可任意选定，根据不同的机械化程度，造型生产率为 10 型/h，最高可达 60 型/h。

操作程序：

Ⅰ工位：薄膜加热、覆膜；

Ⅱ工位：人工操作、检查、修膜；

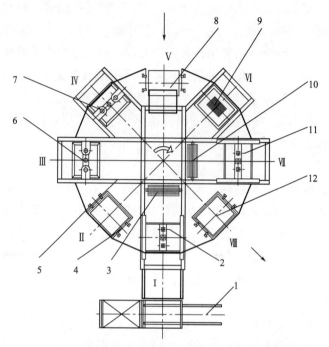

图 1-53　八工位转台式 V 法造型机

1—模样存放；2—覆膜机构；3—薄膜卷筒支托架；4—覆膜后人工检查区；

5—六工位转台；6—喷（刷）涂料；7—涂料烘干；8—放空砂箱处；

9—贮砂斗及震实台；10—盖膜卷筒支托架；11—盖膜机构；

12—起模、铸型移出

Ⅲ工位：喷（刷）涂料；

Ⅳ工位：涂料烘干；

Ⅴ工位：放空砂箱；

Ⅵ工位：加砂加一次震实；

Ⅶ工位：盖膜加二次震实；

Ⅷ工位：起模、铸型移出。

1.4　V 法铸造与消失模铸造的比较

　　V 法铸造和消失模铸造具有共同特点，使用干砂，真空泵抽气，震实台紧实干砂型，塑料薄膜密封砂箱，形成砂型，内外有压力差而紧实。V 法铸造是空腔，消失模铸造是实腔——白模为实型腔，金属液浇入后而消失。二者各有特色和利弊，可依据铸件的特点和要求选择，使铸件生产出最优质量，最低成本，获得最大利润。

Ｖ法铸造与消失模铸造有着共同的主要设备和工艺，采用消失模铸造的厂家或车间，有些铸件改用Ｖ法铸造更加合理，投入更少，产出更多。消失模铸造工艺流程如图 1-54 所示，Ｖ法铸造工艺原理及流程如图 1-2 所示。

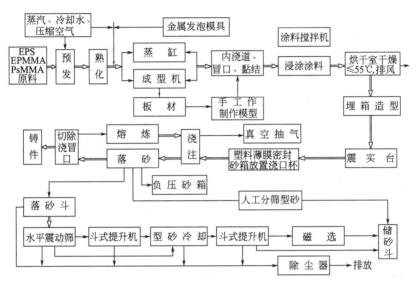

图 1-54　消失模铸造工艺流程

从图 1-54 和图 1-2 中可以发现消失模铸造和Ｖ法铸造的相同和差异，如表 1-13 所示。

表 1-13　消失模铸造和Ｖ法铸造的比较

特性	消失模铸造	Ｖ法铸造
模型	泡沫塑料白模(手工、发泡成型)	模板(带有抽气箱和抽气孔)
砂箱	一面或五面抽气(或漏底)，高	带有过滤抽气管，低
薄膜	一箱上面薄膜	上、下箱模型覆 EVA，顶或底面各覆 PVC
上涂料	涂料与合金白模匹配浸、刷(水基)	涂料与合金匹配喷、刷(醇基、快干)
震实造型	一箱(可组串)与熔炉容量相配	上、下箱(模板)
合箱	一箱抽空气	上、下箱各抽空气(可放冷铁、下芯)
浇注	负压条件下配合抽气操作	负压条件下配合抽气操作
落砂	翻箱、漏底、落砂床(格)	砂箱吊至落砂格
常见缺陷	EPS 白模引发积炭、皱皮、白点、黑渣	气孔上、下合箱披缝
消耗	EPS，STMMA	薄膜比消失模铸造多耗三面(砂箱面积一样)

1.4.1 V法铸造与消失模铸造的选定

一些单位在生产实践中，上了消失模铸造但由于铸件的特征再添 V 法铸造；而有 V 法铸造的车间由于铸件特征再扩加消失模铸造。这样的选择主要出现在中小厂家、小中批量铸件的生产单位，其目的是为了更有效发挥二者共同设备的使用率。

① 可组串，按炉子的容量比如 1000kg，则一箱单件或多件组串，铸件加浇注系统均在 1000kg 以内。比如高锰钢震动筛板，一箱 24 块，均为一炉一次发挥了消失模铸造突出的优势。

不便组串，铸件面积大，体积大，重量又不重，如汽车后桥、铁路货车、侧架摇枕等以 V 法铸造工艺为宜，一箱一件或二件或多件，适宜于型板平面上下分型布置（可下泥芯、冷铁）。

② 薄板铸件，采用消失模铸造，因为金属液流入热量不够气化裂化分解 EPS 白模而引发积炭、皱皮、炭黑表面缺陷；采用 V 法铸造因是空腔，克服了使用 EPS 的弊端。如 1.2m×1.4m×7～8mm 钢琴骨架，和其他薄壁铸铁件工艺品、装饰品、铁锅、浴盆等。

③ 白模 EPS 用量比较大的铸件，如叉车的平衡铁，工程车的配重压铁、V 型铁块等，这些铸件因白模耗量过大，制成空心又比较麻烦，故将消失模铸造改成 V 法铸造，或直接上 V 法铸造：一方面降低白模消耗，另外也避免白模熔化带来问题，更有利于使铸件表面光洁、平滑。

④ 铸件（合金液）对碳的含量不是很敏感，如高锰钢、中高碳多元合金钢，合金铸铁等抗磨件如球磨、衬板、隔板、导向板、滑槽、锤头、铲齿等，采用消失模铸造；而对于对含碳量比较敏感，如 ZG20、ZG25、ZG30 等阀体、泵体、简单结构（便于水平分型或下芯、下冷铁）铸钢件，采用 V 法铸造为宜，避免了消失模 EPS 的增炭。

⑤ 需要下芯，对下芯要求比较高的，或下泥芯量比较大的，如铸钢 ZG35、高速公路桥护栏的支架，管子穿过每个支架孔时要准确划一，采用消失模发泡成型白模，组串铸造为佳，铸钢件的支架孔精确，管子穿串顺利，极易安装；对球铁，各类管件采用消失模铸造，一箱白模组串，紧实干砂为泥芯，效率高。

1.4.2 消失模铸造加置V法铸造工艺装备

最近国内消失模铸造厂家发展迅速，尤其是中小厂家，但实践中有些铸件采用消失模铸造不很对号，因为 EPS 白模用量大，同时极易引发疵病，故已加置或上 V 法生产。使其相得益彰，取得较好效果。

V 法铸造与消失模生产线布置如图 1-55。

中小消失模铸造生产单位，由于铸件不稳定，仅使用消失模铸造工艺往往不能适应市场客户的需要，比如低碳 ZG20、ZG25、ZG35 的法兰卷，泵、阀体、地碳合金钢铸件，薄壁的球铁件或铸铁件，加置 V 法铸造的砂箱、腹膜制型的工艺装备即可。

① 紧实台的载重量，往往已采用消失模铸造的紧实台载荷比较大，如 500kg、100kg 或更大中频电炉容量匹配震实台载荷 5t、10t、20t 等，砂箱长×宽×高的容量恰为浇注一炉的合金液量（浇冒系统白模组串）。

V 法铸造常见震实台载荷为 2t、4t、6t，因为砂箱扁平而浅，且上下合箱。所以，利用消失模铸造震实台，选 V 法铸造的铸件模板布置，上下箱载荷尽量接近消失模铸造已具备的震实台载荷。将震实台面积展开，能放置长×宽×浅的扁平砂箱，充分利用其震实台载荷能力。消失模铸造上下左右前后三维紧实为多，V 法铸造仅上下一维紧实。

② 抽气箱和抽气孔模：制作抽气箱和抽气孔模，模型在模板上布置，据铸件大小、形状、结构、重量而水平分型，一箱一模或一箱多模组合。

③ 砂箱：V 法铸造砂箱与消失模铸造同而有异，它可生产扁平铸件，如浴盆、浴缸、锅、配重、压铁、汽车后桥（耗白模量大，易产生疵病）、泵体阀体（低碳铸钢、消失模铸造、ZG15、ZG20、ZG25、ZG30 避免 EPS 白模的增碳，偏析，要下芯），已有供应砂箱尺寸：1200mm×1000mm×250mm，2000mm×1600mm×300mm，3300mm×1200mm×650mm，还可以自制其他尺寸砂箱。

1.4.3　V 法铸造与消失模铸造可共用设备

① 真空泵和真空抽气管路系统，二者均采用水环式真空泵，V 法真空度一般是 $-0.04 \sim -0.06$MPa，真空泵 SK-6、SK-12、SK-20、SK-30、SK-43。消失模铸造时对真空泵选择还要考虑抽气量，所以其真空泵比 V 法真空度的考虑要大，因为顾及抽气量的考虑，所以 V 法生产时使用消失模铸造的真空泵后者往往真空度较大，操作时注意。

② 震实台只有一台，V 法造型时，先造下型，再造上型，吊入工位（生

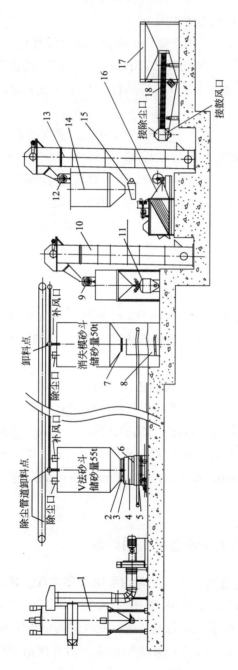

图 1-55 V法铸造与消失模生产线布置

1—除尘器；2,7—气动雨淋加砂装置；3—砂箱；4—模具；5—移动震实台；6—负压箱；8—三维震实台；9,12—除铁器；10,13—斗式提升机；11—气力发送器；14—过渡砂斗；15—震动给料机；16—砂温热冷却系统；17—落砂斗；18—冷却输送机

产线）合箱。

浇注工部吊包等可共用。

③ 落砂、砂处理装置，二者可交替使用，如果抽真空管路系统接口有多个砂箱可同时在真空状态下浇注，则可在生产线或滚道上顺序浇注。浇注时，要注意不同的操作工艺。

第2章

塑料粒料发泡成型 消失模铸造

2.1 简介

2.1.1 消失模铸造的概念

消失模铸造技术是用泡沫塑料（EPS、STMMA 或 EPMMA）制作成与铸件结构、尺寸完全一样的模样，经浸涂耐火黏结涂料（起强化、光洁作用）烘干后埋入特殊砂箱干砂造型，经三维或二维微振加负压紧实，不用泥芯、活块甚至无冒口的情况下浇入熔化的合金液，整个过程保持着一定的负压，使模样受热气化分解进而被合金液取代的一次性成型铸造新工艺。消失模铸造有多种不同的叫法，国内主要叫干砂实型铸造、负压实型铸造，简称 EPC 铸造。国外的叫法主要有 lost foam process（美国）、policast process（意大利）等。它与传统的铸造技术相比，具有很大的优势，被国内外的铸造界誉为"21 世纪的铸造技术"和"铸造工业的绿色革命"。

2.1.2 消失模铸造工艺分类

消失模铸造根据其铸型材料可分为自硬砂消失模铸造（及潮型有黏结剂）和干砂（干型无黏结剂）消失模铸造；根据浇注条件可分为普通（大气压力

下）消失模铸造和真空负压消失模铸造。与传统的砂型铸造相比，大量生产的消失模铸造有以下工艺特征。

① 模样与铸件形状完全一致，尺寸大小仅差金属收缩量的泡沫塑料模样保留在铸型内，形成"实型"铸型，而非传统砂型的"空腔"铸型（即空型）。

② 砂型为无黏结剂、无水分、无任何附加物的干石英砂，或依合金的种类而选用镁橄榄石砂、铬砂、镁砂、宝珠砂等。

③ 浇注时，泡沫塑料模样在高温液体合金作用下不断地分解、裂解、气化，发生合金液-模样置换过程，而不同于传统"空腔"（空型）铸造，是一个液体合金液的充填型腔过程。制作一个铸件就要"消失"掉一个泡沫塑料模样。

④ 泡沫塑料模样可以分块成型再进行粘接组合。模样形状（及铸件形状）基本上不受任何限制（手工切割、机器成型、组合粘接均可）。

表 2-1 为大量生产的传统型黏土砂铸造与消失模铸造工艺特点的比较。

表 2-1　大量生产的传统黏土砂型铸造与消失模铸造工艺特点的比较

项　目		传统砂型铸造	消失模铸造
模型工艺	分型开边	必须分型开边,便于造型	无需（分型）开边
	拔模斜度	必须有一定的拔模斜度	基本没有或很小的拔模斜度
	组成	有外型芯合组成	单一模型
	应用次数	一个模型多次使用	一型一次
	材质	金属或木材	泡沫塑料
造型工艺	型砂	有黏结剂、水、附加物经过混制的型芯砂	无黏结剂、任何附加物和水的干砂
	填砂方式	机械力填砂	自重微振填砂
	紧实方式	机械力紧实	物理(自重、微振、真空)作用紧实
	砂箱特点	根据每个零件特点制备专用砂箱	简单的通用砂箱
	铸型	型腔由型芯装配组成	空腔实型
	涂料层	大部分无需涂层	必须有涂层
浇注工艺	充型特点	只是填充空腔金属与模型	发生物理化学作用
	影响充型速度的主要因素	浇注系统与浇注温度	主要受型内气体压力状态,浇注系统,浇注温度的影响
落砂清理	落砂	需强力振动打击翻箱或吊出铸件	铸件与砂自动分离
	清理	需打磨飞边毛刺及内浇口	只需打磨内浇口,无飞边毛刺

(1) 采用消失模铸造工艺应注意的问题

尽管消失模铸造有着无与伦比的优势，但任何一种铸造工艺仅适用于一定范围。故采用消失模铸造工艺必须认真考虑以下问题。

① 应考虑综合经济效益：对具体铸件、材质、大小、形状、结构、批量、价格等应作详细经济考核、成本核算、技术能力考核。例如，有厂采用消失模铸造来生产批量不大的不同种类的几种铸铁电动机机壳和油泵泵体，且仅仅作为铸件毛坯而提供给下一道工厂，但对方认购价格每吨价位又不高。即使使用 EPS 制模样，其模样消耗成本 0.03～0.04 元/g，再加上工艺不稳定，废品率不少，投产一段时间后发现无利可图，甚至赔钱的不良经济效果。只好又返回到黏土砂铸造工艺来生产。如果作为本单位的铸件毛坯，即使微利保本，但总体为下一道机加工创造了条件也是可取的，因为铸件质量划一。

② 工艺技术要做充分准备：复制、仿造、或匆忙上消失模生产线都是不可取的。如某厂急速上球铁管件生产线，既没有技术工程人员，又没有管件产品推销人员，经过一段时间，更由于市场的变化管件滞销，因此匆匆停线，生产线搁置。

③ 要考虑材质铸件用途：照搬、复制、未结合本厂铸件的实际，上了消失模铸造生产线后也会问题百出。如某厂从别处引进 1000t/年小型消失模铸造铸钢厂，设备 20 万～30 万元，由于一套工艺是按高锰钢铸造工艺配套，镁橄榄石砂做干砂，其粉料做涂料骨料，铸件合格率很高，成品质量很好，有利可取。但到该小厂后铸件是 ZG25，输出方不懂 ZG25 生产工艺，输入引进方急盼对方解决，因此探索了好长一段时间才进入生产 ZG25 铸件门道，损失不少。

④ 要考虑生产发展因素：上了消失模生产线，没有考虑生产发展余地，如几家企业上了消失模生产线，引进管件、抗磨件生产，原考虑一班或二班，后该地区对铸件要求量急增，需二班或三班生产，生产量的大幅提高暴露了设备没有后劲，影响模样变形，冷却处理能力不足，欲上生产量设备力不从心，拆去可惜又无实力再上生产量大的生产线，欲进不能，欲退不能，勉强支撑了一段时间。

没有确定长远铸件业务而上马。某厂上了一条 3000t/年铸钢消失模生产线，完成了 1/3 任务后由于种种原因没有铸件生产任务，停机待任务。

⑤ 不宜用消失模铸造工艺的铸件：如低铬铸铁磨球，用消失模铸造低铬铸铁磨球，由于干砂冷速慢，要采用淬火、正火等热处理才能提高硬度和耐磨性，但性能不及金属型浇注磨球，金属型浇注一则可获得磨球表面碳化物大小形状分布均匀的铸造硬壳——相应磨球；二则成本低可采用铸态正火或雾淬，

从而降低成本，泡沫模样 0.03～0.04 元/g 成本可免除。

⑥ 正确认识科学对待消失模铸造工艺：有一些人从事砂型铸造厂，参观了一些消失模铸造厂或附近用消失模生产车间，特别是采用简易消失模铸造厂家，以为简单方便，泡沫模样可以买 EPS 包装材料的废品或板材来切割加工拼粘，涂料自制，三维振实台自制，真空泵购买，投入消失模生产，折腾了大半年以后还是重新购买消失模铸造机械设备和白区发泡成型设备而生产抗磨件衬板和管件等。

某高锰钢铸造厂完全照搬同行的消失模铸造衬板、锤头等，砂箱仿制，箱壁电钻钻孔，模样采用废旧包装泡沫材料切割粘接，生产后从来没有稳定过，因为模样质量从不划一。

综上所述，凡认真、系统、全面分析，统筹策划，采用消失模铸造工艺的大中厂家，均效果可佳。一些中小铸造厂随意的上消失模生产工艺往往出现上述情况，事倍功半反而体现不出消失模铸造工艺的优势和特点。

（2）消失模铸造工艺的不足

① 复杂大铸件，模具制造比较复杂，成本较高，费工费时，一个模具一个铸件，一次性投资较多。

② 一个泡沫模样只能用一次。制作泡沫模样只能用一个模具，制作泡沫模样环节周期长，调试费工。

③ 泡沫粒料 EPS 价格是 StMMA(C_5H_8) 的 1/5～1/4，但适用有局限性，后者较贵，对降低铸件成本不利。

④ 对设浇注系统的工艺要求较高，才能避免铝合金的冷隔，灰铸铁、球墨铸铁铸件中碳缺陷。

⑤ 低碳钢用 EPS 增碳问题，要通过粒料的改变、工艺的设计才能得以控制，工艺不当极易产生气孔。

⑥ 工艺系统环环相扣，管理务必要严格认真，松懈不得。

2.1.3 消失模铸造原辅材料

消失模铸造生产所需原材料种类较多，大致可分为四类。

（1）模样（型）材料

通常称为可发性树脂珠粒，目前常用有：

① 可发性聚苯乙烯（EPS）；

② 可发性聚甲基丙烯酸甲酯（EPMMA）；

③ 苯乙烯-甲基丙烯酸甲酯共聚树脂（StMMA）。

（2）涂料原材料

① 耐火材料

a. 锆英粉：正硅酸锆，耐火度高，能抗粘砂，可获得铸钢件和大型铸铁件，表面光洁。

b. 石英粉：在不同温度下具有不同的结晶转变，使其体积发生变化从而降低了耐火度，一般用于中小型铸铁件和铸铜、铸铝等有色合金铸件。

c. 刚玉粉：氧化铝，是中性耐火材料，用于铸钢件和大型铸铁件。

d. 石墨粉：铸铁生产中广泛使用的耐火材料之一，具有较高的耐火度，但易氧化，热膨胀系数低。

e. 碳化硅：高温合金用耐火骨料，耐火度高，抗粘砂性能较好。

f. 铬铁砂粉：以 Cr_2O_3 含量越多越好。铸造用 Cr_2O_3 不得小于 30％。

g. 橄榄石粉：Fe_2SiO_4 与 Mg_2SiO_4 的固溶物 $(Mg，Fe)_2SiO_4$。橄榄石耐火度为 $1750\sim1800℃$，镁橄榄石耐火度为 $1910℃$。

② 黏结剂和溶剂

a. 无机黏结剂：如膨润土、水玻璃、硅溶胶、磷酸盐、硫酸盐等；

b. 有机黏结剂：如糖浆、纸浆残液、水溶或醇溶树脂、聚醋酸乙烯乳液（白乳胶）等。

③ 悬浮稳定剂

a. 水基涂料的悬浮稳定剂：有钠基膨润土或活化膨润土，或与某些有机高分子化合物一起使用效果更佳。有羧甲基纤维素钠（CMC）、聚乙烯醇、糖浆、木质素磺酸钙等，最常用为 CMC。

b. 醇基涂料的悬浮稳定剂：有聚乙烯醇缩丁醛（PVB）、有机酸性膨润土、钠基或锂基膨润土等。

④ 分散介质

a. 水基涂料：水作为分散介质，一般自来水即可（但其碳酸盐含量不宜过多）。

b. 醇基涂料分散介质：工业酒精乙醇。

⑤ 添加剂（附加剂）：防腐剂、消泡剂、渗透剂等。

（3）造型原材料（干砂）

有石英砂、刚玉砂、锆英砂、镁砂、镁橄榄石砂、铬铁矿砂、宝珠砂、铁（丸）砂等。

（4）熔炼原材料（炉料）

生铁、其他合金。与其他铸造生产熔炼所需炉料一样。

2.2　模样制作

2.2.1　模样制作工艺过程

消失模铸造与其他铸造工艺不同，影响铸件质量的因素也不同。由于模样是消失模铸造过程中必不可少的消耗品，每生产一个铸件就要消耗一个模样，因此模样是消失模铸造成败的关键。没有高质量的模样，就不可能生产高质量的铸件。模样不仅形成消失模铸件的形状和尺寸，而且参与浇注成型时的物理化学反应。因而模样既影响铸件的尺寸、精度，又影响铸件的内在质量。

泡沫模样的制造要掌握 3 个要点：模样材料的选择，模具的设计与制造，预发泡及成型设备和操作工艺参数的确定。

在消失模铸造中，泡沫塑料模样制造是一个非常重要的关键。其制造工艺可分为模具发泡成型和用泡沫塑料板材加工成型。一般来说，单件和小批量生产用的大、中型模样，采用机械加工方法；对于形状复杂、铸件尺寸和表面质量要求较高的铸件用的模样用模具发泡成型。采用模具发泡成型，不管使用哪种树脂珠粒，其模样制造过程基本相同，其工艺过程见图 2-1。板材加工模样工艺过程见图 2-2。

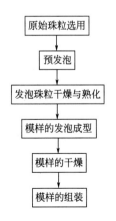

图 2-1　模样制造工艺过程

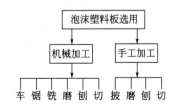

图 2-2　板材加工模样工艺过程

2.2.2 模样原材料

模样原材料主要是泡沫塑料。泡沫塑料是以树脂为基本成分，含有大量气泡，因此泡沫塑料可以说是以气体为填料的复合塑料。

泡沫塑料的品种繁多，但消失模铸造用塑料模样要满足以下要求：

① 气化温度和发气量低；

② 气化迅速、完全、残留物少；

③ 制得的模样密度小、强度和表面刚性好。以使模样在制造、搬运和干砂充填过程中不易损伤，确保模样尺寸和形状稳定；

④ 品种规格齐全，可适应不同材质及结构铸件的制模需要。目前用于消失模铸造的模样材料主要有：

a. 可发性聚苯乙烯树脂，简称 EPS；

b. 可发性甲基丙烯酸甲酯与苯乙烯共聚树脂，简称 StMMA。

2.2.2.1 可发性聚苯乙烯树脂珠粒

EPS 是最早、最常用的消失模铸造的模样材料，它的优点是易成型加工，价格低，通常用于生产铝合金、灰铁和普通碳钢件。EPS 模样材料最大的缺点是高温下的热解产生大量的碳渣残存于模样消失后的型腔内，对于铝合金铸件易出现表面皱皮、重叠缺陷，对于铸铁件易形成表面亮碳及夹渣缺陷，特别是球铁件，由于球铁中碳量是饱和的，EPS 分解产生的热解碳不能被铁液吸收、容易形成亮碳（片状碳）夹渣，对于钢铸件主要是表面增碳、夹渣等严重影响铸件的组织和性能的缺陷。

2.2.2.2 EPS 模样材料的主要技术指标

EPS 模样材料的主要技术指标见表 2-2～表 2-4。

表 2-2 国产 EPS 珠粒规格

型　　号	目　　数	粒径/mm	主要质量指标
301A	13～14	1.2～1.6	密度 1.03g/cm³
301	15～16	0.9～1.43	堆积密度约 600kg/m³
302A	17～18	0.8～1.0	发泡剂含量 5.5%～7.2%
302	19～20	0.7～0.88	残留单体<0.5%
401	21～22	0.6～0.8	水分<0.5%
402	23～24	0.25～0.60	
501	25～26	0.20～0.40	

注：由于国内还没有消失模专用 EPS 珠粒，这里引用的是某厂包装材料标准。

表 2-3　国外某公司消失模铸造用 EPS 珠粒规格

产品规格	烃含量/%	珠粒平均大小/μm	有效密度/(g/L)	润滑剂含量/%
X180	6.2～7.0	约 250	≥20.8	0.44
X185	6.2～7.0	约 250	≥20.8	0.44
T170B	5.7～6.4	约 355	≥24.0	—
T170C	5.9～6.2	约 355	≥24.0	0.20
T180C	6.2～7.0	约 355	≥24.0	—
T180D	6.2～7.0	约 355	≥17.6	0.14
T185	6.2～7.0	约 355	≥17.6	0.14
D180B	6.2～7.0	425～500	≥16.0	0.14

表 2-4　EPS 实型（消失模）铸造模样板材物理力学性能

项　　目	性能指标
密度/(kg/m³)	16～19
抗压强度(形变 10%时的压缩应力)/MPa	0.11～0.14
抗拉强度/MPa	0.27～0.37
熔结性(弯曲断裂负荷)/MPa	0.25～0.30
尺寸稳定性/% ≤	3.0
吸水性/(kg/m³) ≤	1.0
热导率/[W/(m·K)] ≤	0.041
水蒸气透过系数/[ng/(Pa·m·s)] ≤	4.5
热变形温度/℃	75
冲击弹性/%	28

注：对板材的外观要求是表面平整，无明显收缩变形和膨胀变形；熔结良好、结构致密、不允许有夹生、疏松；无明显涂料、污染、灰尘和其他杂质。

2.2.2.3　可发性甲基丙烯酸甲酯与苯乙烯共聚树脂

StMMA 是专用消失模铸造的模样材料的可发性共聚树脂珠粒，比 EPS具有更卓越的铸造性能，主要用于生产阀门、管件、汽车配件及各种工程机械配件等生产。与 EPS 相比有以下优点：

①　降低了铸件的碳缺陷；

②　降低了钢铸件的表面增碳缺陷；

③　降低了烟碳；

④　提高了铸件表面光洁度。

2.2.2.4　共聚树脂 StMMA 主要技术指标

共聚树脂 StMMA 主要技术指标见表 2-5。

表 2-5　共聚树脂 StMMA 主要技术指标

规　　格	挥发分/%	粒径/mm	适宜的预发密度[①]/(g/L)
StMMA-1	≥7	0.6～0.9	≥19
StMMA-2	≥7	0.45～0.6	≥19
StMMA-3A	≥7	0.4～0.55	≥20
StMMA-3	≥7	0.35～0.50	≥21
StMMA-4	≥6	0.25～0.35	≥23

① 在适宜的预发工艺条件下得到的密度值。

2.2.3　模样制造

消失模铸造中，泡沫塑料模样制造是非常重要的。模样制造要重视原始珠粒选用，首先根据铸件材质及对铸件的质量要求选择品种，要根据铸件的最小壁厚来选用珠粒规格。在预发时40～50 倍的发泡倍率，珠粒直径大约增加 3 倍。为了得到模样的良好表面状态，在二次发泡（成型）时，模样最小壁厚要在最低壁厚方向排列 3 颗珠粒，所以一般允许的最大珠粒粒径为最小壁厚的 1/9。例如要得到 5mm 壁厚的铸件，要选择粒径 0.55mm 的珠粒，但是对薄壁件，特别是铸铁件即使用发泡倍率 20 倍那样的硬模样也有可能铸造。另外，小粒径珠粒对薄壁件虽然是必要的，但它的表面积大，发泡剂易挥发，最高发泡倍率的界限也低。厚壁铸件时珠粒的充填不太成问题，模样也有相应的强度。有时适当地选用大粒径珠粒以完全促进熔结，则反而会得到漂亮的铸件表面。

2.2.3.1　预发泡

为了获得密度低、泡孔均匀的泡沫塑料模样或泡沫塑料板材，必须将树脂珠粒在模样成型之前进行预发泡。珠粒的预发泡质量对模样成型加工和质量影响甚大。根据加热介质及加热方式的不同，其方法有多种。但目前常用的大多采用蒸汽预发泡法。

（1）蒸汽预发泡原理

当树脂珠粒被蒸汽加热到软化温度之前，珠粒并不发泡，只是发泡剂外逸。当温度升到树脂软化温度时，珠粒开始软化具有塑性。由于珠粒中的发泡剂受热汽化产生压力，使珠粒膨胀，形成互不连通的蜂窝状结构。泡孔一旦形成，蒸汽就向泡孔内渗透使泡孔内的压力逐渐增大，泡孔进一步胀大。在泡孔胀大过程中发泡剂也向外扩散外逸，直到泡孔内外压力相等时才停止胀大。冷却后，发泡珠粒大小固定下来。

（2）发泡工艺过程及操作参数

珠粒预发泡一般是在间歇式发泡机中进行的。不同的预发机操作参数不同，但操作工艺过程基本相同。其过程如下：预热──→加料──→加热发泡──→出料──→干燥──→清理料仓。

预热的目的是为了减少预发筒中的水分，缩短预发时间，当预热温度达到要求后即可将已准备好的料加入预发机中。

加入料后，继续加入蒸汽，树脂珠粒在发泡筒中处于沸腾状态，当料位达到一定高度或加热时间达到设定值时，停止加热。

启动出料阀出料。出料在搅拌和压缩空气的双重作用下完成。

富阳江南 KF-SJ-450 型间歇式蒸汽预发机的操作工艺参数见表 2-6。

表 2-6　富阳江南 KF-SJ-450 型间歇式蒸汽预发机的操作工艺参数

物料名称	预热温度/%	蒸汽压力/MPa	发泡温度/℃
EPS	80～85	0.10～0.12	85～90
StMMA	90～95	0.12～0.15	95～105

（3）间歇式蒸汽预发泡机

部分预发泡机如图 2-3～图 2-5 所示。具有如下性能特点：

图 2-3　SJ-KF-450 半自动预发泡机

图 2-4　SJ-KF-450 自动预发泡机

图 2-5　SJ-KF-450 底卸式预发泡机

① 一机多用预发铸造用 EPS、StMMA 共聚树脂，铸造专用料。

② 按客户需求研制生产半自动、自动、底卸式消失模铸造用预发泡机。

③ 采用时间继电器，温度控制仪同步控制预发时间和温度。自动型采用PLC可编程控制器及触摸屏控制，连续循环生产并采用高精度稳压阀和料位感应器控制预发密度。

④ 蒸汽压力稳定，预发克重相等，发泡珠粒密度均匀。

⑤ 每次加料1kg，入料、预发、出料、清理≤120s/次。

⑥ 配置热空气干燥系统，缩短了自然时效的熟化时间。

⑦ 采用的电器、气动元件、阀性能优良，保证机器运转的稳定、可靠且使用寿命长。

2.2.3.2 预发泡珠粒的熟化

刚出料的珠粒冷却后，泡孔内的发泡剂和水蒸气冷却液化，使泡孔内形成真空。在熟化过程中空气向泡孔渗透，使珠粒内的泡孔内外压力趋于平衡。

珠粒最佳熟化温度是23～25℃，熟化时间与珠粒的水分和密度及环境的温度、湿度有关。例如，EPS珠粒的密度和熟化时间的关系见表2-7。通过热空气干燥床后熟化4h即可成型。StMMA预发泡珠粒熟化时间一般为8～24h，熟化是制得合格模样的重要工序。

表 2-7　EPS 珠粒的密度和熟化时间的关系

表观密度/(g/L)	15	20	25	30	40
最佳熟化时间/h	48～72	24～48	10～30	5～25	3～20

将预发泡珠粒贮存在容料仓中熟化——称熟化仓（见图2-6），一般容量为1～5m³，采用塑料网或不锈钢网制成，为防止输送珠粒产生静电引起珠粒逸出，戊烷燃烧，一般不能采用塑料管（要带有接地片）进行输送，采用金属管并接地要好。熟化仓应放置在良好的通风条件下，以减少熟化珠粒的静电，使制模操作中充填模具时静电作用影响降低。

图 2-6　熟化仓

2.2.3.3 模样的发泡成型

模样的发泡成型由于加热方式不同有多种方法，主要有蒸缸成型法和压机气室成型法。

（1）蒸缸成型

蒸缸成型，俗称手工成型，其成型过程是：模具机构复杂的白模左右或上下有多个活块需用人工拆卸，白模需求量大，白模整个成型不需进行粘接。将熟化好的珠粒由料枪填满模具型腔后，放入蒸缸内，通入蒸汽并控制压力和温度。发泡成型后从蒸缸中取出来，冷却定型、脱模。

由于蒸缸成型时珠粒的发泡主要是加热蒸汽通过气孔渗入珠粒间，于是珠粒间既有蒸汽又有空气和冷凝水，这就要求有充裕的时间让空气和冷凝水经气孔排出。因此，蒸缸成型珠粒的膨胀速度较慢、时间较长。例如，厚度为 7～30mm 的模样，加热时间约 3～5min。蒸缸成型加热蒸汽压力见表 2-8。

表 2-8　蒸缸成型加热蒸汽压力

模样材料	EPS	StMMA	EPMMA
蒸汽压力/MPa	0.10～0.12	0.11～0.15	0.15～0.18

蒸缸成型模具的组合和脱卸为手工操作，生产效率低，不适合大批量生产。

（2）压机气室成型法

模具压机气室成型，俗称机模成型，是将预发泡熟化后的珠粒经料枪填满带有气室的模具型腔内，模具水平分型分上汽柜和下汽柜两部分，上汽柜固定于成型机的移模板上，下汽柜固定于成型机的固模板上，移模板上升或下降，完成开合模动作成型。过热蒸汽通过模具壁上的气孔进入模具型腔，从珠粒之间的间隙通过，将其中的空气和冷凝水驱赶掉，使蒸汽很快充满珠粒之间并渗入泡孔内。当泡孔内的压力，即发泡剂的蒸气压、成型温度下的饱和蒸气压和空气受膨胀压的总和远大于珠粒所受的外界压力，且珠粒受热软化时，珠粒再次膨胀发泡成型。随后再由气室通入冷却水使模具和成型模样冷却定型，脱模即可获得所需的泡沫塑料模样或模片。

采用压机气室成型可获得低密度的泡沫塑料模样，成型时间短，工艺稳定，模样的质量较好。该法是生产消失模铸造泡沫塑料模样的主要成型方法。

1）压机气室成型的工艺过程　压机气室成型工艺图如图 2-7 所示。

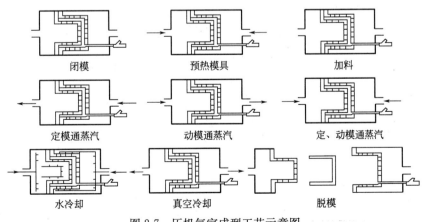

闭模　　　　　　　预热模具　　　　　　加料

定模通蒸汽　　　　动模通蒸汽　　　　定、动模通蒸汽

水冷却　　　　　　真空冷却　　　　　　脱模

图 2-7　压机气室成型工艺示意图

① 闭模：闭合发泡模具。当使用大珠粒料（如包装材料用 EPS 珠粒）时，往往在分型面处留有小于预发珠粒半径的缝隙，这样加料时压缩空气可同时从气塞和缝隙排出，有利于珠粒快速填满模腔；而在通蒸汽加热时，珠粒间的空气和冷凝水又可同时从气孔和缝隙排出模腔。但是当采用消失模铸造模样专用料时，因珠粒粒径小，一般闭合模时不留有缝隙，珠粒间的空气和冷凝水只能从气塞中排出模腔。另外留有缝隙的做法往往在模样分型面处会产生飞边。

② 预热模具：在加料前预热模具是为了减少珠粒发泡成型时蒸汽的冷凝，缩短发泡成型时间。

③ 加料：打开定、动模气室的出气口，用压缩空气加料器通过模具的加料口把预发泡珠粒吹入模腔内，待珠粒填满整个模腔后，即用加料塞子塞住加料口。

加料是珠粒发泡成型的基础。若加料方法不当，导致型腔内珠粒充填不实或不均匀，即使模具和珠粒再好，也会造成模样缺陷。因此，加料方法是发泡成型工艺的重要工序之一。

目前，生产上普遍采用的加料方法有三种，即吸料填充、压吸填充和负压吸料填充。

a. 吸料填充。是我国目前生产厂家普遍采用的加料方法。这种方法是采用普通料枪——文托（Vonturi）管，利用压缩空气将珠粒吸入模腔内。对于型腔形状简单的模具，用这种方法加料，效果较好。但是对于型腔形状比较复杂的模具，这种方法不能使珠粒完全充满型腔。

普通料枪结构示意图如图 2-8 所示。

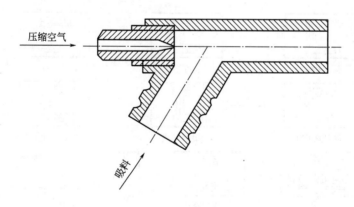

图 2-8　普通料枪结构示意图

　　b. 压吸填充。这种方法是在加料时将正压力在加珠粒上，使珠粒充满模腔并有一定紧实度。

　　c. 负压吸料填充。这种方法是在吸料填充加料的同时在模具背面加上负压，靠负压牵引和压缩空气抽吸的双重作用使珠粒充满型腔。

　　为了解决复杂薄壁模样的珠粒加料问题，还可采用多支料枪同时加料的方法。对以上各种加料方法而言，多支料枪同时加料可获得最佳效果。

　　④ 固模通蒸汽：蒸汽进入动模气室，经模具壁上的气孔进入型腔内将珠粒间的空气和冷凝水由模壁上的气孔从移模腔排出。

　　⑤ 移模通蒸汽：蒸汽进入动模气室，经气孔进入型腔内将珠粒间的空气和冷凝水由模壁上的气孔从固模腔排出。

　　⑥ 固、移模通蒸汽：固、移模气室同时通蒸汽并在设定压力下保持数秒钟，珠粒受热软化再次膨胀充满型腔珠粒间全部间隙并相互黏结成一个整体。

　　⑦ 水冷却：关掉蒸汽，同时将冷却水通入固、移模气室，冷却定型模样和冷却模具至脱模温度，一般在 80℃ 以下。

　　⑧ 真空冷却：放掉冷却水，开启真空使模样一步冷却，并可减少模样中的水分含量。

　　⑨ 开模与脱模：开启压机上的模具，选定合适的取模方式，如水汽叠加、机械顶杆和真空吸盘等装置把模样取出。

　　2）压机气室成型注意事项　采用压机气室成型在选择加热蒸汽压力时应考虑原始珠粒（模料）的种类、规格、模样结构和蒸汽引入模具内的方式。此外，为了得到合格的模样，在生产中应注意 4 个问题。

　　① 应根据模具结构特点，选择合适的加料方法，确保珠粒均匀地填满模具。填充不满易导致成型不足的缺陷，过量会增加模样的密度梯度。

　　② 控制好加热蒸汽的状态。发泡模具加热是利用蒸汽作为热能介质。利用过热蒸汽进行珠粒发泡成型时，蒸汽是由气室气孔进入模腔，这样通气塞区域的珠粒迅速膨胀、过热和黏结在一起，阻碍蒸汽继续向内扩散，并导致型腔内部珠粒熔结不良。潮湿的蒸汽会在珠粒表面形成许多冷凝水，也会阻碍珠粒相互熔结。所以最好采用微过热蒸汽，比较干燥状态渗透入珠粒中。

　　③ 通蒸汽的时间应适宜，以便使模具中的珠粒充分膨胀熔结在一起，通汽时间过长会导致模样在冷却时收缩。

　　④ 模样成型后紧接着进行冷却。开始时模样接触的型壁迅速而均匀地冷却至一温度，模样也相应冷却，并在低于玻璃化温度时强化。由于泡沫模样的导热性能差，因而只是模样表面冷却变硬，仍处于热状态下的模样内部膨胀的

压力由表面一层硬壳承受，随着模样表面温度下降，膨胀压力迅速减小，直至模样达到足够的稳定性之后才能脱模。如果模样内部的温度没有降至足够低时就脱模，模样内部存在的膨胀力将会导致模样膨胀变形。

2.2.3.4 发泡成型模具

影响发泡成型模样质量的另一个重要因素是模具设计和制造。选择合适的模具材料和设计最佳的模具结构，不仅可提高模样质量，还可降低制模成本。

（1）发泡模具种类

① 蒸缸模具（图 2-9）的结构随模样形状而变化。由于蒸缸模具属手工操作，生产周期长、效率低、劳动强度大，仅适用于小批量生产泡沫塑料模样。

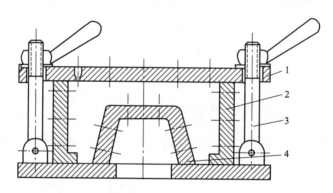

图 2-9　蒸缸模具的结构

1—上盖板；2—外框；3—紧固螺栓；4—下底板（包括模芯）

② 压机气室发泡模具（图 2-10），简称压机气室模具，常采用上下或左右开型的结构形式。模芯与模框分别固定在上下气室上，并在模框的适当位置开设加料口，使预发泡珠粒能顺利填满型腔，上下气室均设有进出气口。

（2）发泡模具设计

① 模具材料。在模样生产过程中，发泡模具要经受周期性加热和冷却以及在水和蒸汽的条件下工作，故其材料性能要满足以下要求。

a. 导热性能好，有利于快速加热和冷却；

b. 对水蒸气和水介质有良好的耐蚀性；

c. 有足够的强度承受型腔珠粒发泡时所产生的压力和加热蒸汽压力，并保持模具形状和尺寸的稳定。

由于铝合金重量轻，导热性好，一般都采用铝合金来制造发泡模具。铝合金模具不仅在发泡成型模样时加热和冷却比较均匀，铝合金的加工性能较好，

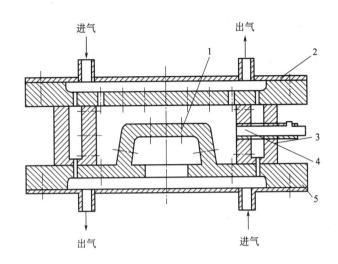

图 2-10　气室模具的结构

1—模芯；2—上盖板；3—模框；4—进料口；5—下底板

能达到模样形状和尺寸准确性的要求。

② 分型面及加料口位置。消失模模具与其他铸造模具不同。消失模模具必须获得接近真实再现铸件形状的泡沫塑料模样，所以模具设计受到许多制约。分型面的选择除必须保证的刚性和强度外，还应使模具的安装、拆卸容易，操作方便；有利于开设加料口，便于珠粒填满型腔和模样从模具中取出。在一般情况下尽量采用整体的模具，对于形状复杂的铸件（如缸体、阀门）可将模具分成几部分或采用抽芯组合模具的结构。

③ 加料口位置设计是否合理，将直接影响模样的质量，因此，加料口位置的选择应考虑 3 点。

a. 尽量使珠粒充型时所受的阻力最小，不会产生涡流现象。

b. 对于形状复杂的模样，加料口的数量尽量增加。

c. 对于薄壁的模样，若加料口的断面积大于模样的壁厚时，可将该处模样的断面积局部增大，以利于珠粒充型。所增大的模样厚度，可以修模时刮除。

④ 模具的壁厚及加强筋。为了减少蒸汽用量，提高制模效率，减轻重量及制造成本，模具壁厚尽量小。考虑到模具须承受珠粒发泡时产生的膨胀压力，其压力一般为 0.2～0.3MPa，为了保证模具发泡时有足够的强度和刚度，要求模具应有适当壁厚。

⑤ 通气孔及通气塞的设置。模具上应开设通气孔或设置通气塞，其作用

是使蒸汽引入模腔及模腔内的冷空气和冷凝水尽快排出型外，通气孔或通气塞的排布要合理。通气孔的间距一般为 20～30mm，通气塞的间距一般不超过 40～60mm。如模样的壁厚不均匀，在薄壁处或要求表面光洁处开设的通气孔或设置的通气塞可稀疏些，以免该处因受热不足而造成珠粒黏结不良。

通气孔和通气塞尽量设置在模具的一个面上，一般是设置在动模板上为宜，尽量避免从模具两边进气使冷凝水汇集在模样的中央而影响模样质量。采用通气孔时，泡沫珠粒易将小孔堵死，减少蒸汽的渗入量和发生冷凝水的滞留现象。这样，不仅影响模样的表面粗糙度，还会导致该部位珠粒黏结不良。

通气塞的结构有很多种，常用的有缝隙式和梅花孔式通气塞两种。采用缝隙式比用梅花孔式制出的模样表面平整得多，所以一般用缝隙式通气塞。采用通气塞时，气塞开口的一端应向模具外侧或通向气室，闭口的一端则与模样紧密接触。

⑥ 收缩余量与斜度。消失模模具的收缩余量包括三部分，即铸件的收缩、模具材料本身的收缩及泡沫塑料模样的收缩。在一般情况下模样的收缩率为 0.2%～0.6%，EPS 模样的收缩率大于 StMMA 模样。

为了便于从模具中取出模样，模腔的侧壁及模芯壁设拔模斜度，一般为 0.5°～2°。同时，型腔的棱角处应尽量做成圆角。

⑦ 气室的结构。通常压机用的发泡模具都有气室。按其形状一般有两种：方形气室和相似形气室，后者又称模腔轮廓型气室。前者因制造方便和成本低，已广泛应用于生产。后者尽管制造成本高，由于它具备蒸汽耗量少，模具的预热和发泡成型时间短等优点，较多地用于制造大型的或形状特殊的模样。

要求发泡模具型壁均匀加热，因为蒸汽必须从气室的不同部位导入，不允许直接冲击型壁，否则将导致局部过热，使该区泡沫模样表面过热。因此，蒸汽一个多孔的反射板或在气室蒸汽进口处设有挡板，使蒸汽均匀地进入气室。当用水通过气室冷却模具时，可按需设置折流板使水能流过模腔、模芯和气室的所有地方。当采用喷水冷却时，可在气室的模壁设置许多喷嘴，从而提高冷却效率。

模具的气室还必须设有进气口和出气口。进气口主要用于引入蒸汽和冷却水；出气口是为了加料时压缩空气将珠粒引入模腔后排出和冷却水的排出。

⑧ 模样的顶出及其机构。模腔内泡沫塑料模样经过冷却定型后才可脱模顶出，顶出方法设计要合理。

2.2.3.5　模样成型设备

（1）SJ-CX 系列成型机

① SJ-CX 系列丝杆半自动成型机（图 2-11）的性能特点

a. 采用经人工时效处理的消失模铸铁平板和四支经调质处理的 45 钢制成的导柱，构成钢性框架。

b. 蜗轮、蜗轮传动丝杆、丝帽带动移模板上下运动完成开合模动作。

c. 采用铸造拱式机脚美观牢固。

d. 采用 PLC 可编程控制器和触摸荧屏控制，自动完成一个成型过程，减少人为误动作。

e. 电控成型机改变传统的手工开阀操作，手旋按钮点动电磁阀，控制气动角向阀，完成一个成型过程。

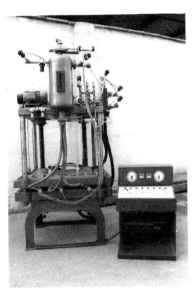

图 2-11　SJ-CX 系列丝杆
半自动成型机

SJ-CX 系列丝杆半自动成型机规格见表 2-9。

表 2-9　SJ-CX 系列丝杆半自动成型机规格

规格型号	工作台面/mm	最大装模尺寸/mm	丝杆	行程/mm	电机功率/kW	升降速度/(m/min)
SJ-CX-0870	880×700	880×510	单	720	1.5	1.5
SJ-CX-1093	1000×930	1000×710	单	720	2.2	1.5
SJ-CX-1210	1200×1000	1200×810	单	720	2.2	1.5
SJ-CX-1311	1300×1150	1300×900	双	720	3.0	1.5
SJ-CX-1512	1500×1200	1500×1200	双	650	4.0	1.5
SJ-CX-1712	1700×1200	1700×1200	双	650	5.5	1.5

② SJ-CX 系列液压成型机（图 2-12）的性能特点

a. 本机模板采用人工时效处理的消失模铸铁平板和四支经调质处理的 45 钢制成的导柱，构成刚性框架、高强度、抗腐蚀。

b. 传动采用液压油缸差动方式。

c. 电器、气动元件、阀均为国内外知名品牌，运转稳定、可靠并使用寿命长。

d. 为改善操作工作环境，增添真空功能，保证成型、冷却，不漏蒸汽，

图 2-12　SJ-CX 系列液压成型机

不四处溅水。

　　e. 采用 PLC 可编程控制器和触摸屏控制，自动完成一个成型过程。

　　f. 采用光电开关控制成型白模件克重，模件偏差小，白模光洁，保证后道工序进行。

　　SJ-CX 系列液压成型机规格见表 2-10。

表 2-10　SJ-CX 系列液压成型机规格

规格型号	工作台面/mm	最大装模尺寸/mm	液压缸	行程/mm	机器外形尺寸/mm	重量/kg
SJ-CX-1093	1000×930	1000×710	单缸	900	1500×1200×3300	2500
SJ-CX-1210	1200×1000	1200×810	单缸	900	1700×1400×3300	2800
SJ-CX-1311	1300×1150	1300×900	双缸	900	1900×1500×3500	3400
SJ-CX-1512	1500×1200	1500×1200	双缸	900	2100×2000×3500	4000
SJ-CX-1712	1700×1200	1700×1200	双缸	900	2500×2100×3500	4300

　　（2）模样蒸缸成型设备

　　① 用于手工模具的蒸缸如图 2-13 所示，其性能特点如下：

　　a. 此设备起到模具的密封作用，用于制作白模多活块、多面抽模芯，无法机模完成的手工模具的白模成型。

　　b. 筒体尺寸 $\phi600×800\text{mm}$，$\phi800×1000\text{mm}$。

　　c. 配温度表、压力表，排污和加热采用气动角向阀和时间继电器控制。

图 2-13　用于手工模具的蒸缸

d. 按客户要求定制蒸汽箱，安装成型机作为密封框作用。

② 机械蒸汽箱有立式和卧式两种形式。立式机械汽箱（见图 2-14）可用立式成型机改装而成。其工作过程如下：先将多副模具同时放在工作台上，关闭蒸汽箱；启动控制程序，完成加热、喷水冷却以及抽真空干燥等工序；然后开启蒸汽箱，手工取模。立式机械蒸汽箱适合生产较大批量的小型泡沫模样和泡沫浇道。

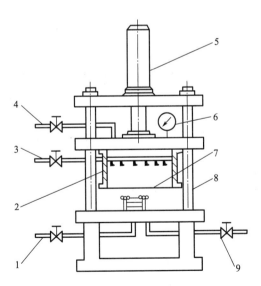

图 2-14　立式机械蒸汽箱

1—进汽阀；2—蒸汽箱；3—冷却水管；4—排汽阀；5—油
缸；6—压力表；7—模具；8—导杆；9—排水阀

2.2.3.6 模样的干燥与稳定化

由于模样在成型加工过程中要与水蒸气和水接触，所以刚加工的模样含有很多水分。影响模样含水量的因素很多，但主要是发泡成型方法、加热蒸汽压力、通蒸汽时间及冷却方式和时间等。正常情况下，刚脱模后的模样含水量为1%～10%。为了保证消失模铸件质量，模样或模片在组装和上涂料前一定要进行干燥，使模样中水分含量降到1%以下。另外，模样在干燥过程中残留的发泡剂也要从泡孔内向外扩散、逃逸。

随着模样在干燥和存放过程中水分和发泡剂含量的减少，模样的尺寸也要发生变化。对于EPS模样刚脱模的第一小时模样膨胀0.2%～0.4%。48h内模样收缩量为0.4%～0.6%（相对于模具型腔尺寸）。存放15～20天时收缩量可达0.8%，泡沫模样内残留发泡剂和含水量以及制模工艺和模样的结构特点是否合理等都会对模样的收缩率产生影响。在这方面需要在生产中不断地研究，积累数据，以满足铸件的精度要求。

在实际生产中，模样的干燥和稳定化一般都采用室温下的干燥和在干燥室中强制干燥相结合。干燥室温度一般控制在40～60℃。

2.2.3.7 模样的组装

（1）组装的目的与要求

对于形状复杂的泡沫塑料模样，往往采用发泡成型制成若干模片，或用机械及手工将泡沫塑料板加工成几何形状简单的几个部分，严格按图纸尺寸要求将模片黏结组装成一个完整的模样。然后把模样与浇注系统黏结在一起组装成模样簇。所以模样的组装包括模片黏结成模样和模样与浇注系统黏结成模簇两部分（图2-15）。模样的组装是消失模铸造的重要工序。

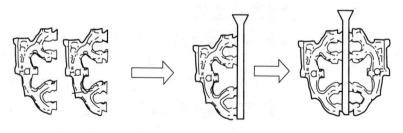

图 2-15 模样簇组装示意图

模样组装常用的黏结方法有冷胶粘接、热熔胶粘接和熔焊粘接等。当采用黏结剂黏结模样时，常用的方法有即涂法、辊压法、爬行式涂胶和喷胶涂胶法，其操作可由手工或机器来完成。

为了获得优质的消失模铸造生产的铸件，在浇注过程中不仅要求泡沫塑料模样气化完全、不留残渣，同样也要求模样组装用黏结剂气化迅速、无残留物。同时黏结剂的用量也愈少愈好。否则，过多的黏结剂会导致模样气化不完全，因残留增加而影响铸件质量。

（2）黏结剂

考虑到消失铸造的特点，泡沫塑料模样用黏结剂应满足以下要求：

a. 快干性好，并具有一定的粘接强度，不至于在加工或搬运过程中损坏模样。

b. 软化点适中，既满足工艺要求，又方便粘接操作。

c. 分解、气化温度低，气化完全，残留物少。

d. 干燥后应有一定柔韧性，而不是硬脆的胶层。

e. 无毒或低毒，对泡沫塑料模样无腐蚀作用。

① 黏结剂种类。从化学角度看，消失模（实型）铸造工艺使用合成分子黏结剂，其大致分类见表 2-11。

表 2-11　合成高分子黏结剂

品　类	组　成	反　应	主 体 材 料
溶剂挥发	溶解	有机溶剂 水溶剂	聚合乙酸乙烯树脂系，橡胶系 聚合乙烯-醋酸乙烯乳胶，聚乙烯醇
化学反应	单组分 双组分	无氧固化 自由基聚合反应	丙烯酸低聚物 丙烯酸低聚物，脲烷树脂
热熔胶	单组分	合成	聚乙烯-乙酸乙烯酯、聚烯烃、树脂

② 几种黏结剂的性能比较

a. 白乳胶：聚醋酸乙烯乳液俗称白乳胶，它是水溶性的。在早期的手工制模中应用较多。粘接方法是在 EPS 模样表面抹好胶，用线或绳捆绑后送烘房，初粘强度差，固化速度慢，必须待水分挥发才产生粘接强度，而且强度不大。一个粘接过程往往需要一个昼夜，制模周期长，工作效率低。目前国内基本已经淘汰。

b. 泡沫胶：泡沫胶最初应用于有机板、建筑装修塑料和保温材料装饰用，是废 EPS 泡沫溶解在乙酸乙烯单体和甲苯混合溶剂中，以环氧树脂和 TDI 作改性剂，二辛酯作增塑剂和过氧化异丙苯作引发剂下合成的。其具有较强的粘接力和粘接强度，但用在消失模铸造上则对白模具有一定的腐蚀性，影响成型。泡沫胶因采用含苯溶剂，胶体具有一定的毒性和难闻气味。

c. A、B 双组分胶：这种胶的使用方法是分别把 A、B 两组分均匀地涂于两个被粘物表面，合拢后手压片刻即可粘牢。其特点是固化速度快、粘接强度高、使用方便，在手工制模中应用比较多，但受保质期的影响比较大。

d. 消失模冷胶：进口冷胶以德国的专用冷胶为代表。该产品是蓝绿色水溶性乳胶，主体成分是 VAE 和丙烯酸乳液合成，具有粘接装配精细、发气量少、无增碳缺陷等特点，通过冷胶合机自动粘接，胶合时需要烘干，适用于粘接表面复杂和倾斜的白模，可以应用计算机涂胶途径。缺点是需与专用的冷胶合机配套。国内只有合力铸锻厂使用。

e. 消失模热熔胶：热熔胶是一种热塑性树脂，不含溶剂，常温下为固态。使用时加热使其熔融获得流动性和一定黏度，热粘接浸润被粘物表面，冷却时凝固化实现粘接。热熔胶凝固速度快、粘接强度高，具有良好的间隙充填性能。无论薄壁、厚壁模样都能密封结合面，可以满足现代化大批量生产优势、高效的要求，非常适合于自动化流水线操作。现在，消失模铸造用热熔胶已商品化，并广泛应用于批量生产中型模样及浇冒口系统的粘接。

进口热胶以美国亚什兰公司的专用热胶为代表。该产品具有快速粘接、快速固化、流动性佳、发气量少、无增碳缺陷等特点，主要应用于对铸件质量要求严格的白模粘接，粘接手段是通过热胶合机自动粘接，也用于手工操作，国内因其价格偏高没有广泛推广应用。

最早开发生产国产热胶的有北京嘉华公司等，产品型号有 HM-1 等。杭州奥宝公司的热胶分两个品种：普通热胶 KP-5X，乳黄色，胶棒状，是手工操作的快速粘接热胶，可以用电热炉熔化使用，也可用胶枪施工，是可移动作业的热胶。该胶粘接性能较好、与涂料的涂挂性好、耐烘房温度高，熔融时发气量低、熔化后无气味、耐老化性能好；高性能型 KP-6X，乳白色，颗粒状，性能与进口热胶相近，可用热胶合机，也可手工操作热胶，该胶粘接性能较好、与涂料的涂挂性好、耐烘房温度高。热胶熔融时无拉丝，流动性好，发气量少、无气味，耐老化性好，价格低。

武汉华科大热胶是乳白色，大方块状，是手工操作的粘接热胶，可以用电热炉熔化使用，熔化后流动性好、粘接性好、无气味、发气量少，缺点是与涂料的涂挂性差，耐烘房温度低。

国内外几种主要消失模黏结剂如图 2-16 所示。

③ 几种热胶的主要性能

a. 软化点：软化点可用于大致衡量热胶的耐热性、熔化难易程度及露置时间，也是消失模热胶熔化施工温度的参考数据。消失模热胶的软化点应接近白模的热变形温度。实践表明，热胶的软化点设计为 100～105℃是适合的，

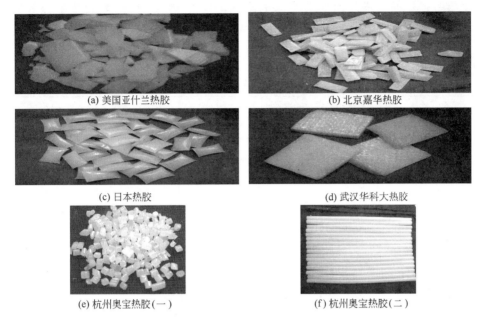

(a) 美国亚什兰热胶　　　　　　　　　　(b) 北京嘉华热胶

(c) 日本热胶　　　　　　　　　　　　　(d) 武汉华科大热胶

(e) 杭州奥宝热胶（一）　　　　　　　　(f) 杭州奥宝热胶（二）

图 2-16　国内外几种主要消失模黏结剂

测试进口热胶的软化点也在这个范围。国内外消失模热胶温度见表 2-12。

表 2-12　国内外消失模热胶温度

名　　称	形状	颜色	气味	软化点/℃	施工温度/℃	耐烘温度/℃
美国热胶	片状	乳白	细微	103	120	≤70
日本热胶	枕片状	浅黄色	松脂味	100	130	≤60
奥宝热胶	颗粒状	乳白	细微	105	120	≤70
国产热胶Ⅰ	片状	淡黄色	松香味	100	130	≤60
国产热胶Ⅱ	方块	乳白	细微	90	130	≤50

　　b. 耐烘干温度：模样粘接组装后浸（刷）涂消失模专用涂料。烘房的温度一般设定为不超过 60℃，但有部分简易烘房存在温度难以控制或供热管道布置不合理，导致温度不均匀，模样刷涂料后附加的重量和模样在烘房里的放置不当等因素，都可能会造成模样变形。如果热胶的耐热温度不高，则可能造成粘接处开胶脱裂。实践表明，软化点为 100~105℃的热胶，耐烘干温度是适合的。

　　c. 熔融黏度：热胶的熔融黏度是流动性的一个指标，是熔融涂胶工艺的重要数据，黏度大小关系到对模样的涂布、润湿、浸透性及拉丝现象，黏度太高不便于施工，造成涂胶不均匀，涂胶量大，胶接缝处胶堆积，刮胶不平整等，易导致浇注时对金属流的阻挡，发气量大，铸件表面质量差等问题，因此需要降低热胶的熔融黏度。进口热胶的熔融黏度135℃时测试的数据是250mPa·s。国内外消失模热胶熔融黏度-涂料涂挂性见表2-13。

表 2-13　国内外消失模热胶熔融黏度-涂料涂挂性

名　称	熔融黏度(135℃)/mPa·s	抗老化性	涂料涂挂性	密度/(kg/m³)
美国热胶	250	好	好	963
日本热胶	1500	一般	好	980
奥宝热胶	300	好	好	965
国产热胶Ⅰ	1000	差	好	970
国产热胶Ⅱ	2500	一般	差	980

d. 涂料涂挂性：热胶由有机高分子材料构成，属于难浸润塑料类材料。而消失模工艺要求热胶与粘接缝必须拥有与水基涂料很好的浸涂性（涂挂性）。因此要选择合适的材料和科学的配方使之具有很好的涂挂性。

e. 抗氧化性：热胶需要通过加热并在保持在一定的温度下使用。长期处于受热状态的热胶会使其组织结构逐渐氧化热解，因此除选择合适的热胶组分外还要添加适当的抗氧化剂，以延长胶的使用寿命。

④ 选择冷热胶的一般原则

a. 热胶的操作时间一般在10s左右完成，适用于快速粘接作业过程；对单个模片粘接的作业过程而言，冷胶的操作时间一般在3～5min完成，是相对慢速粘接的作业过程，熟练的冷胶粘接工艺是十几个或几十个模片顺序流水作业。

b. 选择热胶的一般情况：热胶合机成型选择高性能热胶，切割拼接组装模样粘接，浇注系统粘接，要求快速粘接，普通铸造工件白模粘接，非标件模样粘接。

c. 选择冷胶的一般情况：复杂曲面、高精度拼接组装、模样结合面质量要求高、汽车发动机缸体缸盖，要求慢速粘接，大型特大型模样粘接，选择冷胶。

⑤ 消失模模样的冷热胶的配套装置

a. 热黏合模具。热熔胶具有黏合速度快、初黏强度高的优点，但使用温度范围较窄，需采用随形涂胶板将热熔胶印刷到泡沫模片的黏合面上，并靠模实现快速精确合模，以保证黏合质量。热黏合模具主要包括上、下胎模和涂胶印刷板。

热黏合机的工作步骤如图 2-17 所示。将需黏合的两个泡沫模片 [图 2-17（a）] 分别放入上、下胎模中 [图 2-17（b）]；上胎模移动到热熔胶熔池上后，提升涂胶印刷板，将热熔胶印刷到上模片的黏合面上 [图 2-17（c）]；涂胶印刷板落回到熔池中，同时上胎模移回原位；升举下胎模，使上、下胎模合模，完成黏合 [图 2-17（d）]；下胎模回位，手工取出黏合模样 [图 2-17（e）]。

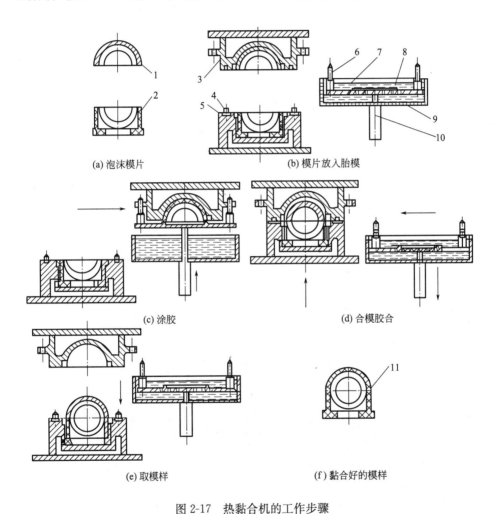

(a) 泡沫模片　　　　　　　　(b) 模片放入胎模

(c) 涂胶　　　　　　　　(d) 合模胶合

(e) 取模样　　　　　　　　(f) 黏合好的模样

图 2-17　热黏合机的工作步骤

1—上模片；2—下模片；3—上胎模；4—胎模定位销；5—下胎模；6—印刷板定位销；

7—热熔胶；8—印刷板；9—熔池；10—升降缸；11—泡沫模样

图 2-18 所示为上、下胎模的结构和工作过程。

热黏合工艺不足之处是：不适用于起伏较大的折平面或曲面的黏合，因为热熔胶在印刷板的斜面上易流淌，影响对应部位的黏合强度；热黏合机耗电量

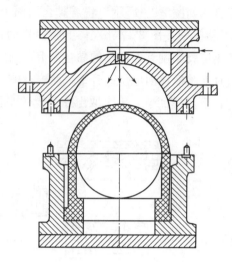

图 2-18　上、下胎模的结构和工作过程

较大，黏合过程中放出的烟气影响环境；互换涂胶印刷板较麻烦，一台热黏合机不太适应多品种泡沫模样的黏合。

b. 冷黏合模具。针对热黏合机存在的问题，德国 common 公司研制开发出冷黏合机。涂胶工作用机械手（图 2-19）来完成，所用的冷黏胶为有机溶剂型，机械手通过注射器将胶涂抹到泡沫模片的黏合面上，涂胶量由注射压力控制。冷粘胶的黏度较大，可附在倾斜的黏合面上而不流淌。与热黏合机相比，其最大的优点是能完成较复杂曲面的泡沫模片的黏合。

图 2-19　涂胶机械手与涂胶

冷黏合模具不需要涂胶印刷板，涂胶机械手只要按照黏合面的涂胶轨迹

程序运行即可。冷黏合工艺很适合多品种泡沫模片的黏合；不同的泡沫模样，只需采用不同的涂胶轨迹即可。

冷黏合胎模的结构同热黏合胎模结构极为相似。上胎模中仍有负压吸嘴和压缩空气管道，不同之处是要将 50～60℃ 热空气引入下胎模中，加快冷粘胶中有机溶剂挥发，提高黏合强度和黏合效率，因此，冷黏合机的上、下胎模为双层结构（内胎模加密外封框）。冷黏合胎膜结构和工作过程如图 2-20 所示。

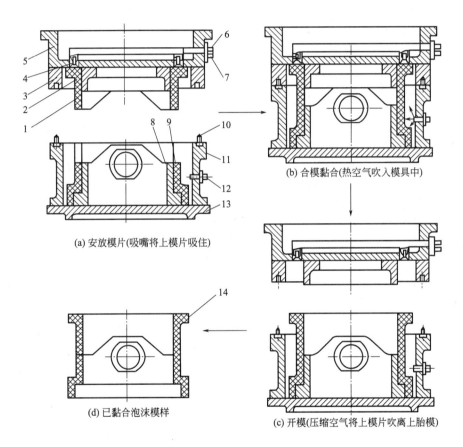

图 2-20　冷黏合工作过程及胎模结构

1—上模片；2—上胎模；3—上胎模外框；4—吸盘/吹嘴；5—上胎模板；6—负压管；
7—压缩空气管；8—下胎模；9—下模片；10—定位销；11—下胎模外框；
12—热气管；13—下底板；14—泡沫模样

与热黏合机相比，冷黏合机的缺点是，对于复杂的黏合面，因机械手涂胶时间以及加热烘干硬化时间较长，造成整个黏合过程效率较低。

c. 美国 Vulcan 公司热胶合机。美国 Vulcan 公司热胶合机自动胶合过程如下：原始泡沫模样涂胶：带孔的上胶板保持在热熔胶罐中；将该板从罐中升起，多余的胶流走后即可开始泡沫模样涂胶；泡沫模样与上胶板接触保持1～2s，上胶板下降回到胶罐中，热熔胶便转移到模样上；上好胶的模样被夹具带到要粘接的模样上方定位；两块模样准确对接，并保持5～15s，使胶固化。整个操作过程一般不超过60s，借助于自动胶合机进行，粘接快速准确。1h内可完成60～100个操作循环。

d. 德国 Teubert 公司冷胶合机如图 2-21 所示。德国 Teubert 公司冷胶合机的黏结剂是其专用冷胶。

图 2-21　德国 Teubert 冷胶合机

e. 杭州奥宝公司手工热熔胶器如图 2-22 所示。

f. 热胶手工施工方式：手工施胶，可选专用的调温炉、自制热熔罐、简易电炉、热熔胶枪等电热器，用钢锯条等自制施胶棒。加热电热器，使胶槽（罐）升温，分次分量加入热胶，升温到100～200℃保温，熔胶罐温度不可超过140℃。将已经熔融的胶液用取胶棒沾取后涂刮到泡沫模样上，再将两块泡沫模样合模，稍挤压5～10s，即粘接牢固。泡沫模样固定后可接着做接合缝涂刮修补。热熔胶枪使用过程如图 2-23 所示。

热胶渗漏法：大型接合面，先对称选择几个点，在这几个点上先涂刮热胶，合模，检查模片的装配精度，待固定后，在模片的接合缝处用发热的钢锯条轻轻地划缝（扩缝），扩缝的同时钢锯条上的热胶流入接合缝，再稍做刮缝修补即可。

热胶外缚法：对特大型模样，采用热胶同胶带等相结合的方法，在渗漏法对模片处理后，用胶带把结合缝包扎起来，热胶提供了足够的粘接强度，防止开裂和变形，胶带用来保证结合缝封密以防止涂料渗入缝隙。浇注出来的铸件

(a) 小容积胶锅：C 型熔胶炉 Φ100

(b) 可调温胶枪

(c) 大容积胶锅：350mm×250mm 胶炉

图 2-22　手工热熔胶器

图 2-23　热熔胶枪的使用过程

接合缝非常整洁。

　　g. 冷胶的使用方法：胶液可黏附在倾斜的结合面上不流淌。大型模样时，不必把胶水涂刷在整个被接合面上，只要沿四周或中间涂刷几处即可；冷胶应涂刷得薄且均匀，可将两个接合面来回拖几下，以使粘接涂层薄且均匀；涂胶后可将涂面敞开晾置几分钟，待大部分溶剂挥发后，再粘接效果比较好；彻底粘接牢固可能需要几个小时。对于 200kg 左右的铸件，可以即胶即用。先把冷胶分装入小瓶，挤压到胶合面，再用橡皮刮子刮匀即可。

冷胶的使用过程如图 2-24 所示。

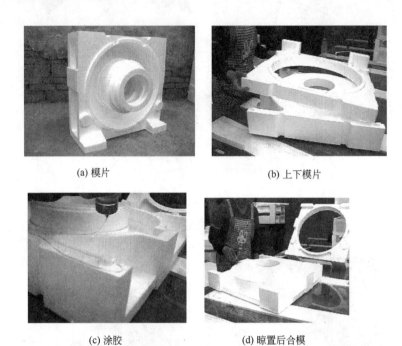

(a) 模片

(b) 上下模片

(c) 涂胶

(d) 晾置后合模

图 2-24　冷胶的使用过程

消失模黏结剂作为辅助材料之一，黏结剂性能的好坏和使用效果将影响到铸件质量。要想得到合格率高的铸造产品，应该选用合格的辅助材料，进口黏结剂价格太高。国内中小消失模铸造企业选择综合性能好而价格适中的国产消失模黏结剂是合适的。由于热胶具有的诸多优点，近年来发展很快，需求量大而应用面宽，占模样黏结剂消耗量的 80%。目前国产的奥宝 KP-6X 热胶性能与亚什兰进口热胶性能相仿，成分相同，可以替代和混用。

2.2.3.8　泡沫塑料模样的加工成型

泡沫塑料模样的加工成型是用机械加工或手工将泡沫塑料板做成模样的各部分，然后按零件的尺寸要求黏结成泡沫塑料模样，可用于单件或小批量生产的铸件。

（1）模样的机械加工

泡沫塑料板系多孔蜂窝状组织，密度低、导热性差。它的加工原理与木材和金属材料的加工不同。加工泡沫塑料的刀具刀刃应锋利，并以极快速度进行切削。刀具除作垂直进刀外，并以更快的速度进行横向切削，才能获得良好的效果。

为了保证模样尺寸精度和表面的光洁度，加工时一般先用手推平刨机床或用电热丝切割机切割出平直的基准平面，然后再用其他方法如铣削、锯削、车削或磨削等进行精加工。

近年来，采用铸造用专用泡沫塑料板材，利用三维 EPS 模样专用数据机床精铣，使 EPS 模样表面光洁、尺寸精确，极地大改善了铸件表面的粗糙问题。

（2）模样的手工加工

对于一些形状复杂的、不规范的异型模样，主要是依靠手工加工成型。所以，泡沫塑料模样制造质量的优劣很大程度上取决于制模工的操作水平。

画线取料是模样加工的首道工序。因泡沫塑料内部组织松软，所以画线用笔应采用软质（如 6B）和扁薄铅芯的铅笔，否则会形成细槽，影响模样的粗糙度。

泡沫塑料毛坯的取料一般多用木工刨板机、电热丝或木工绕锯机。

加工泡沫塑料模样的手工工具比较简单，生产上常用的修削泡沫塑料的手工工具是披刀。除此之外，还使用了泡沫塑料平面手推刨、手提式风动砂轮机和电轧刀、电热丝切割器等特殊手工工具来修削泡沫塑料模样。

综上所述，加工泡沫塑料模样的方法很多，每种方法都有它的特点和适用范围。除少数模样，几乎所有的模样都是由多种加工方法综合使用而制成的。

2.2.3.9 泡沫塑料模样的质量检验

采用消失模铸造，每生产一件铸件，就要消耗一个模样。因此，要想获得优质的消失模铸件，确保模样质量是关键。表 2-14 列举了影响模样质量的各种因素。

表 2-14 制造工艺参数对模样质量的影响

模样	密度	珠粒熔结	含水量	发泡剂含量	表面质量	尺寸精度
预发泡压力	√	√	√	√	√	√
珠粒密度	√	√	√	√	√	√
干燥时间		√	√	√	√	√

注：√表示有一定影响。

（1）含水量

泡沫塑料模样是一种不吸潮的材料，它的表面几乎不沾水。因此干燥后模样的含水量均低于1%。但在模样加工时与水和蒸汽接触，所以以刚加工好的模样含有较多的水分，故在模样上涂料前必须进行干燥测定水分含量。含水量测定可参照轻工部标准 SG 233—81 进行。

（2）挥发分含量

挥发分含量是模样质量的一个重要指标，浇注前一般要求挥发分含量低于2%。其具体测定方法如下。

① 试样：用刀片切取试样 5g 左右。

② 仪器：天平（精度 0.001g）；恒温鼓风烘箱。

③ 试验步骤：取得试样后，精确称重并记录，然后将试样置于（150±2）℃的恒温烘箱中，1h 后取出称重，共测定 3 只试样，取其算术平均值为测定结果。

④ 计算：挥发分含量由下式计算：

$$W = \frac{G_1 - G_2}{G_2} \times 100\%$$

式中　W——挥发分含量，%；

　　　G_1——试样烘干前质量，g；

　　　G_2——试样烘干后质量，g。

（3）密度

模样密度是模样质量的又一重要指标，其测定方法参照国家标准 UDCGB 6343—86 进行，但在实际生产中可按下述步骤进行测定。

① 试样形状应便于体积计算，尺寸一般为 50mm×50mm×50mm，切割时不可使材料的原始泡孔结构产生变形。

② 将试样置于烘箱中，在（60±2）℃下烘干 2h。

③ 烘干后的试样冷却、称量（精度为 0.1g），然后用卡尺测量试样（误差0.1mm 以下）。

④ 试样密度可按下式进行计算：

$$d = \frac{M}{V}$$

式中　d——试样的密度，g/cm³；

　　　M——试样的质量，g；

　　　V——试样的体积，cm³。

（4）尺寸稳定性

尺寸稳定性是指试样在不同温度环境中的尺寸变化率。其测定方法可参照原轻工部标准 SG 323—81 进行。但在生产上为了知道尺寸的稳定性一般是测定模样的线收缩，即通常取几个 20～30mm 的圆柱形或长方形试样（一般用蒸缸预发成型），然后按下式进行计算并取平均值。

$$\delta = \frac{h}{H} \times 100$$

式中　δ——收缩率，%；

　　　H——模具型腔的长度，mm；

　　　h——试样收缩后的实际长度，mm。

（5）抗拉强度

模样的抗拉强测定可参照国家标准 UDCGB 6344—86 有关内容进行。测定条件是试样在（20±2）℃放置 2h 后，将试样夹在拉力试验机夹具上，夹入部分不大于 17mm，用（100±10）mm/min 的速度加载，试样断裂后读取载荷。试样的宽度和厚度精度为 0.001mm。共测 5 个试样，并取它们实际的平均值为测定结果。试样的抗拉强度按下式计算：

$$\delta_{抗拉} = \frac{p}{s}$$

式中　$\delta_{抗拉}$——试样的抗拉强度，MPa；

　　　p——载荷量，N；

　　　s——原始横截面，mm^2。

（6）抗压强度

抗压强度测定应参照原轻工部标准 SG 232—81 进行，但在实际生产上也可采用下面的测定方法，其具体过程为：裁取试样的尺寸为 30mm×30mm×30mm 或 50mm×50mm×25mm。测定时，将试样放置在压缩强度仪的下夹板上，使上下夹板距离为试样的高度，再把两处指针校正为零点；然后加载压缩到原厚度的 50%，其读数为测定值。以此法测定 5 只试样，取它们的平均值为其抗压强度。

测试条件：试样在（20±2）℃的条件下放置 2h 后进行测定。其计算按下式进行：

$$\delta_{抗压} = \frac{p}{s}$$

式中　$\delta_{抗压}$——试样的抗拉强度，MPa；

　　　p——载荷量，N；

s——原始横截面，mm^2。

2.2.3.10　泡沫塑料模样的常见缺陷及对策

在采用发泡成型制造模样时，影响模板质量的因素很多，除与原始树脂珠粒的品种、规格和质量有关外，在很大程度上取决于模具结构是否合理，预发泡机和发泡成型设备是否合适，预发泡及发泡成型工艺是否规范以及预发泡珠粒的干燥、熟化和保存是否得当等。表 2-15 列出了发泡成型模样的常见缺陷及对策。

表 2-15　发泡成型模样的常见缺陷及对策

缺陷名称	产生原因	对策措施
模样外观正常，内部熔结不良	①成型加热时间短，或蒸汽压力低，成型温度低 ②预发泡珠粒干燥、熟化温度高或时间过长，发泡剂含量不够	①提高加热蒸汽压力，提高成型温度，延长发泡成型时间 ②控制珠粒干燥、熟化温度和时间调整发泡剂含量
内部结构松弛，大部分熔结不良	①珠粒充填不均匀 ②成型温度偏低，时间短 ③珠粒密度过低或发泡剂含量低	①改进充填方法和条件 ②提高加热蒸汽压力，延长加热时间 ③控制预发泡珠粒密度和发泡剂含量
模样不完整，轮廓不清晰	①珠粒未完全填满模腔 ②模具的通气孔分布、加料口位置、模具结构不合理 ③珠粒的粒度不合适	①改进充填方法，调整压缩空气压力 ②改进模具结构，调整通气孔的布置和数量以及加料口位置 ③对薄壁模样应选用较小的珠粒
模样熔化	①加热蒸汽压力过高 ②发泡成型时间太长 ③模具通气孔太多或孔径太大	①降低加热成型蒸汽压力 ②缩短成型加热时间 ③调整通气孔数量及孔径
模样大面积收缩	①成型时间过长或温度过高 ②冷却速度太快（冷却水温度太低）、冷却时间不够，脱模温度太高	①缩短成型时间，或降低成型温度 ②调整冷却速度和时间
模样局部收缩	①加料不均匀 ②加热或冷却不均匀 ③模具结构不合理，局部通气孔布置、数量或孔径不合适 ④蒸缸成型时模具在蒸缸中放置不当，正对着蒸汽进口处	①确保加料均匀 ②调整加热和冷却条件，确保加热和冷却均匀 ③改进模具结构，调整通气孔位置、数量和孔径大小 ④调整模具在蒸缸中的位置，或改进蒸缸汽管位置或通气方式
模样尺寸增大，膨胀变形	模具未能充分冷却，模样脱模时间过早	①充分冷却模具，使模具温度低于80℃ ②调整脱模时间
模样表面粗糙，珠粒界面处有凹陷	①珠粒密度过低或珠粒未完全熟化 ②发泡成型时间不够 ③珠粒发泡剂含量低 ④珠粒粒径太大	①提高珠粒预发密度，采用熟化好的珠粒 ②延长成型时间 ③提高预发泡珠粒发泡剂含量 ④选用合适的粒径

缺陷名称	产生原因	对策措施
模样表面珠粒界面凸出	①成型时间太长 ②模具的冷却速度太快,冷却时间不够	①缩短成型时间 ②降低模具冷却速度,延长冷却时间,使模样充分定型
模样刚脱模时正常,过后收缩变形	①预发泡珠粒密度过低 ②预发泡珠粒熟化时间不够	①缩短预发泡时间,提高预发泡密度 ②适当延长发预泡珠粒熟化时间
模样中含有冷凝水	①发泡珠粒熔结不良 ②冷却水压力过高和时间过长 ③成型时间长,泡孔有破裂并孔现象 ④预发珠粒密度过低	①加热蒸汽压力和成型温度更适当 ②调整冷却水压力和冷却时间 ③缩短成型加热时间 ④提高预发珠粒密度
模样由模具中取出时损坏或变形	①模样与模具之间有黏结现象 ②模具结构不合理,模腔内壁表面粗糙	①定期润滑模具工作表面 ②修改模具结构,提高表面光洁度,增加拔模斜度等

关于加工成型模样的常见缺陷主要有拉毛、擦伤、珠粒剥落、表面粗糙及孔洞等。产生这些缺陷的主要原因基本上可归纳为:

第一,刀具结构不合理;

第二,切削工艺不规范或加工方法选用不当;

第三,所选用的泡沫塑料板材质量不好,如泡沫塑料珠粒大小不均匀,珠粒间黏结不牢,泡沫塑料中有杂质、密度过低或密度梯度较大等。

此外还有制模工人技术不熟练或操作上的失误也是加工成型模样产生缺陷的重要原因。

2.2.4　消失模铸造涂料

消失模铸造埋砂造型的模样,视泡沫塑料(EPS、STMMA)的品种不同和铸件材质的不同,涂覆在模样表面的涂料性能要求也不同;模样不透气、热变形温度低(约70℃),对水的亲和力小、受热后发气量大等特点,决定了消失模涂料比通常其他铸造工艺所使用涂料要求更高、需要具有其特定的性能。

2.2.4.1　消失模铸造涂料的技术要求

(1)涂层具有透气性

模样浇注时产生气体及液体应容易从涂层空隙被真空泵抽吸出至型砂内使铸件干净。要使涂层获得良好透气性,可用下列技术措施:

① 将不同种类和粒度的耐火骨料进行搭配(多级多峰)。

② 使用有机黏结剂。它在高温下分解可形成一些空洞，从而增加涂料的高温透气性。高温黏结剂若用水玻璃等配成则涂料透气性较差，硬化后成板壁状而不透气。

③ 加入适量的氧化剂。如氧化铁、Fe_3O_4、高锰酸钾（$2KMnO_4 \Longrightarrow K_2Mn_2O_2 + O_2 \uparrow$），使型腔内形成氧化性气氛；同时 O_2 与模样受热分解生成的固态碳发生反应 $[C(固) + O_2(气) \Longrightarrow CO_2 \uparrow(气)]$ 有助于 C（固）的氧化消失（减少或消除了增碳的作用），CO_2（气）的产生反应为放热，所放出的热量又有利于模样热解，从而也改善了合金液的充型能力，使铸件避免了碳渣缺陷。

④ 加入少量云母。$[KAl_2(AlSi_3O_{10})(OH \cdot F)_2]$ 片状结晶的硅酸盐，吸水性很小，鳞片具有弹性，晶格稳定，热化学稳定性好，增加涂层透气性。

（2）强度好

应具有常温和高温强度。常温的涂料强度便于白模上好涂料及烘干前后搬运过程中有一定强度；涂料层要具有高耐火度高，热膨胀系数要低，否则浇注过程中由于合金液的冲刷侵蚀作用，很容易将黏附不牢的涂料层冲刷剥落而卷入铸件，使其产生粘砂、夹渣、夹杂等缺陷。

（3）具有良好的润湿性和黏着性

白模（EPS、STMMA）为非极性材料，表面张力低，不易被水基涂料润湿、渗透。因此，涂料中需加入少量的表面活性剂并选择适当的黏结剂。其黏结剂要与白模的黏附性好，这样涂挂后能在白模外表获得一定厚度的耐火涂层。反之，如涂料的黏附性差，则可造成涂层厚度不够或不均，甚至涂层不连续，从而很难获得质优铸件。

（4）干燥速度要快

涂料在低温（<60℃）下的干燥速度要快，不龟裂，并能形成坚固的耐火涂层。如果干燥速度慢，不仅影响生产效率而且由于涂层长时间不能干燥、固化，可能会从白模表面脱落，翘起。

（5）发气量要小

涂层一经烘干，在砂箱铸型中与浇入的高温合金液相接触，不得产生其他气体，否则，在涂料中产生气体极易使涂层崩溃、脱落，所产生气体还会严重影响流体充型平稳性和充型质量。

（6）流淌性、涂挂性要好

白模的涂层比较厚，要求涂料具有较高的屈服值和塑性变形能力，要严格控制涂料的流淌性，对于热固性树脂为黏结剂的涂料，在其中加入少量的触变剂，以提高涂料的涂挂性。

（7）易剥落，具有烧结剥落性

在单级和多级耐火材料的配比下，结合合金液性质，像造低温渣多元渣一样，加入低熔点碱性或酸性氧化物，使其具有良好的烧结性剥落性，有利于清砂。

2.2.4.2　消失模铸造涂料种类

依据所用的溶剂和黏结剂的性质通常可分为水基涂料、醇基涂料、树脂涂料。

（1）水基涂料

以水为溶剂，黏结剂品种较多如聚乙烯醇、CMC、水玻璃等。水基涂料一般涂层较厚（0.5～2.0mm）。其强度也较醇基高，但水基涂料的透气性一般较差，常常在其中加入少量的发泡剂，涂层烘干后，发泡剂在涂层中会产生大量的毛细孔。当浇注时，白模分解产生的气体就能从这些毛细孔中被正空泵吸出。

（2）醇基涂料与树脂涂料

以酒精与树脂为溶剂和黏结剂。它们的干燥速度较快，又称快干涂料，不需要加入发泡剂。涂料的透气性主要依靠涂料中的黏结剂或溶剂的挥发而产生。快干涂层比水基涂层要薄，故透气性也较好。水基涂料与快干型涂料的比较如表 2-16。

表 2-16　水基涂料与快干型涂料的比较

项目	涂层厚度	干燥工艺	涂层强度	涂挂性	溃散性	透气性
水基涂料	1～2mm	60℃左右烘干	高	一般	差	较好
快干涂料	0.5～1mm	晾干	低	好	好	较好

水基涂料层中含有大量的毛细孔从而对高温液态合金液产生毛细吸力作用，使涂层清理时溃散性差，容易产生铸件粘砂现象。但对于水基涂层可以增加厚度而使涂层强度升高；醇基涂料防粘砂、针刺功能好，但强度低。

选配涂料组成成分是要根据铸件合金的性质，铸件的结构、大小、形状、厚薄、重量，组拼的模组，浇注温度、浇注速度、浇注工艺，真空泵吸抽气情况，以及当地材料物资资源而选定。

对于厚大件、重要零件、关键部位，也可将两种涂料结合起来使用，各扬其优点可获得优良的使用效果，即内层用醇基涂料≤0.5mm 而外层使用水基涂料。也可以两种交替使用，涂覆多层，铸件的防粘砂效果也理想。

2.2.4.3　消失模铸造涂料的主要组成

基本成分是耐火材料、黏结剂和溶剂。有时为了改进某些性能，也可加入一些添加剂，如提高透气性加入少量的发泡剂、或细纤维颗粒段等。

（1）耐火材料

耐火材料起着最关键的作用也称骨料，其他成分仅起黏结、分散、悬浮和助溶等辅助作用。选择耐火材料要耐火度高、烧结点适当、热膨胀系数小，不被金属及其氧化物润湿，来源广价格低。

消失模铸造常用耐火材料：

① 锆英砂。是 $ZrO_2 \cdot SiO_2$，即正硅酸锆。耐火度高抗黏结性能好，浇注铸钢件和大型铸铁件时多采用锆英粉。它可以减少铸件的清理量，铸件表面获得光洁。

② 石英粉。SiO_2 在不同的温度下具有不同晶型转变，使其发生体积改变，从而产生不一致的稳定性，降低了它使用价值。一般用来浇注中小铸铁件、铸铝、铸铜等合金件。目前，消失模铸造主要用于中小件为多，故石英粉应用比较普遍。

③ 氧化铝、刚玉粉。Al_2O_3 是一种性能优良的耐火材料，可用来浇注铸钢件或大型铸铁件。

④ 石墨粉。广泛用作铸铁生产中耐火材料之一，具有高耐火度，易氧化热膨胀系数低。

⑤ 碳化硅。SiC 粉体作为铸造高温合金用耐火骨料，其抗高温性能和防粘砂性能均十分理想。

耐火材料骨料的选用要与铸件合金性质及型砂相匹配。铸钢件常用棕刚玉粉、铝矾土粉、热铝矾土粉、石英粉、锆英粉、铬铁矿砂粉等；铸铁件常用石英粉、鳞片石墨、土状石墨、滑石粉等；铸铝件常用滑石粉、土粉石墨粉、铝矾土粉等。

耐火骨料的颗粒太粗，使得涂料的悬浮性变差，铸件表面粗制度大，但涂层透气性高；粒度太细（如纳米级）增加涂料的强度，降低涂层的透气性，涂层容易产生裂纹。实践中证明：不同粒级的耐火骨料适当搭配、可提高涂料密度，减少涂层的收缩而提高抗龟裂性能，颗粒配级（双峰、多峰搭配）后再由涂料的透气性和涂挂性能来综合考虑，由实践后调整。同时两种或以上耐火骨料的组合比例，对不同合金铸件可变更直至调配配料有抗黏结和铸件表面光洁的较佳效果。

（2）黏结剂和溶剂

一般作为悬浮稳定剂使用的膨润土和有机高分子化合物等都能起到黏结剂作用，但因其加入量受到限制，要获得涂层的强度还要再另加其他黏结剂。常用黏结剂分为有机和无机两大类。

① 无机黏结剂。如膨润土、水玻璃、硅溶胶、磷酸盐、硫酸盐等。

② 有机黏结剂。如糖浆、纸浆残液、水溶或醇溶树脂、聚醋酸乙烯乳液（乳白胶）等。

消失模铸造涂料中可同时加入无机、有机黏结剂；同时将常温黏结剂（乳白胶、树脂……）和高温黏结剂（水玻璃、硅溶胶……）搭配使用。对白模常用黏结剂有纸浆残液、糖浆、羧甲基纤维素钠（CMC）、聚乙烯醇、聚乙烯醇缩丁醛、水玻璃等。最简便可直接采用市场供应的黏结剂。

（3）悬浮稳定剂

使涂料具有悬浮稳定性和适当流变性能材料。

① 水基涂料的悬浮稳定剂：有钠基、锂基膨润土或活化膨润土。膨润土与某些有机高分子化合物一起使用，效果将更好如羧甲基纤维素钠（CMC）、聚乙烯醇、糖浆、木质素磺酸钙等，以 CMC 为多用。

② 醇基涂料的悬浮稳定剂：有聚乙烯醇缩丁醛（PUE）有机改性膨润土，钠基、锂基膨润土等。

（4）分散介质

① 水基涂料用水，一般自来水即可。水的硬度（Ca、Mg 离子）对涂料性能会产生影响，当达到明显影响涂料的性能的程度时，则必须更换。

② 醇基涂料常用工业酒精为分散介质。

（5）添加剂

为改善涂料的某种性能而添加的少量物质。如加少量防腐剂以防止涂料中有机物质腐坏变质；为改善涂料的润湿性，消除涂料制备过程中产生的气泡而添加少量的消泡剂；用以增加涂料的渗透深度而添加少量的渗透剂等。

2.2.4.4　消失模铸造常用的涂料配方

涂料配方多种多样，也没有划一的放之各厂均可通用的配方。各使用单位均是依据本单位该铸件合金性质，型砂种类，铸件特征和本地资源状况而选配。

（1）水基涂料

① 纸浆残液涂料基本配方见表 2-17。

表 2-17　纸浆残液涂料基本配方

组分	石英粉	纸浆残液	膨润土	无水碳酸钙	聚醋酸乙烯溶液	水
质量分数/%	100	6	1.5	5	1	适量

该涂料一般用于中小铸铁件、铝合金铸件。若将其中耐火骨料 SiO_2 换成锆英粉，则可用于铸钢件和厚大的铸铁件。其涂料流淌性较好，易浸涂，涂后涂料液易下淌，干燥后易吸潮，涂层干强度较低。

② CMC（羧甲基纤维素钠）涂料基本配方见表 2-18。

表 2-18　CMC 涂料基本配方

组分	石英粉	CMC	膨润土	无水碳酸钙	聚醋酸乙烯溶液	水
质量分数/%	100	8	1.5	4	2	适量

CMC 涂料与纸浆残液涂料相同，流淌性不及表 2-17 涂料。能改善劳动条件，不必浸涂后撒石英砂（粉），可进行多层涂挂，无需快速干燥设备，进普通烤箱或自然干燥均不会使上一层涂料层潮解脱落，干强度较高，适用于喷涂。

③ 糖浆涂料基本配方见表 2-19。

表 2-19　糖浆涂料基本配方

组分	石英粉	糖浆	膨润土	无水碳酸钙	水
质量分数/%	100	4～5	2～3	7	适量

糖浆涂料与表 2-17、表 2-18 涂料用途相同，干强度比 CMC 涂料差一些，但其涂挂性能较好，浇注出的铸件表面比较光洁。

（2）有机溶剂快干涂料

以酒精为溶剂，聚乙烯醇缩丁醛为黏结剂。配制操作简单，涂挂上白模后，有结膜的性质，故浇注出铸件较光滑。

配制时先将聚乙烯醇缩丁醛充分溶解到酒精溶剂中，不得有块状团絮状物；再将耐火骨料慢慢倒入混合溶剂中不断搅拌均匀即可。有机溶剂快干涂料的基本配方见表 2-20。

表 2-20　有机溶剂快干涂料的基本配方（质量分数）　　单位：%

序号	石墨粉	石英粉	镁砂粉	锆英粉	氧化铝	PVB	酒精	用　途
1				100		3～5	100	合金钢、厚大碳钢件
2				100		3～5	100	合金钢、厚大碳钢件

序号	石墨粉	石英粉	镁砂粉	锆英粉	氧化铝	PVB	酒精	用　途
3			100			3～5	100	高锰钢铸件
4					100	3～5	100	一般碳钢、铸铁件
5	50	50				1.5～3	47～48.5	铸铁件
6	50				50	1.5～3	47～48.5	厚大、高要求的铸铁件
7	100					3	100	小铸铁件

以酒精为溶剂，为防止酒精挥发后涂料结块，配制好的涂料应保存在密闭的容器中，用后随时封闭，以防挥发。

白模需要涂挂两层涂料时，外层涂料的透气性要好一些。为此，可在涂料中加少量发泡剂，如烷基磺酸钠、仲烷基磺酸钠或洗涤剂等。涂料干燥后涂层内形成许多微孔，能大大提高涂层的透气性。第一层涂料不宜加入发泡剂来提高透气性，否则易造成铸件表面产生针刺、毛刺之类的缺陷。

2.2.4.5　常用消失模铸造涂料搅拌机

（1）SJ-KF 调速涂料搅拌机

SJ-KF 调速涂料搅拌机主要规格与参数见表 2-21。

表 2-21　SJ-KF 调速涂料搅拌机主要规格与参数

规格型号	分散轮直径/mm	搅拌量/kg	升降行程/mm	液压泵功率/kW
SJ-KF-3kW 调速涂料搅拌机	150	100～300	800	0.5
SJ-KF-5.5kW 调速涂料搅拌机	200	100～400	800	0.5
SJ-KF-7.5kW 调速涂料搅拌机	250	200～500	800	0.75

性能特点：

① 本机适用于消失模铸造、砂型铸造、化工行业的物料溶解、搅拌、混合与分散。

② 机架、液压站联体，电控柜和筒体单独设计摆放，操作方便、稳定。

③ 机架升降用液压方式，回转 360°能一机多筒使用。

（2）SJ-KF 低速涂料搅拌机性能特点

① 筒体尺寸 ϕ1200mm×550mm，筒体转速 10～20r/min。

② 高速搅拌配置好的涂料倒入筒内低速转动，防止沉淀以便白模浸涂。

③ 按客户要求定制不同尺寸钢板筒体或不锈钢筒体。

（3）SJ-KF 涂料搅拌机性能特点

① 本机适用于消失模铸造、砂型铸造、化工行业的物料溶解、搅拌、混合与分散。

② 调速电机固定于机架上、电机直联搅拌轴传动。

③ 调速电机功率 3kW、5.5kW、7.5kW 三种，调速范围 0～1200r/min。SJ-400 热空气干燥床。

注明：① 流化干燥床根据客户需要另行购买。

② 机器可配自动上料装置，由光电开关控制料位，实现自动上料。

（4）涂料箱

为了使 EPS 白模，STMMA 白模，或熔模精密铸造蜡模，保证其涂料均匀，无气泡，进行浸涂可以获得较好效果，涂料箱结构示意如图 2-25 所示。

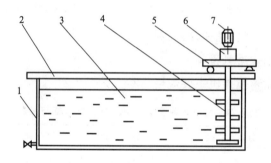

图 2-25　涂料箱

1—涂料箱；2—轨道；3—涂料；4—搅拌器；

5—移动小车；6—减速器；7—电动机

2.2.4.6　配置好使用涂料主要性能测试（尤其是消失模铸造、熔模精密铸造涂料）

（1）密度

一般采用波美法或定量法测定。

① 波美法：

$$d = 144.3/(144.3 - {}^{\circ}\text{Be}')$$

式中　d——密度，g/cm^3；

$^{\circ}\text{Be}'$——波美度（波美计测出读数）；

144.3——常数。

② 定容称量法：用量筒或量杯称取定容涂料、经计称而得知密度。

（2）黏度

黏度是消失模涂料质量控制重要指标。它与密度涂料固含量具有正向关系，密度所表现的涂料组成（固含量）和涂层的致密度，而黏度则是涂料的流变因素，二者不可相互取代。黏度明显地受温度、含气泡量的影响。通常以标准流杯孔口直径 $\phi6$、$\phi5$、$\phi4$ 来测定。对于同一种涂料只能用同一型号的流杯，否则，测出的数据无可比性。条件好的厂家可用各种涂料性能测试仪，则更为准确。

配制混制后涂料，最好在 1~2 天时间内用完，搁置时间太长会影响涂料的使用性能。

2.2.4.7　涂料的干燥

（1）烘干涂料层（模样）

首先，白模（含组粘的浇注系统，内浇道、横浇道、直浇道、集渣气冒口，冒口等）烘干，涂上水基涂料必须进行干燥，以消除模样中的水分。白模的软化温度较低在 80℃ 左右，故只能采用低温烘干，或在阳光充足的室外放置 4~8h，也能获得干燥。烘干涂层（模样）时应注意事项：

① 烘干过程中，要注意模样合理放置和支承，防止变形。

② 烘干结束时要检查是否彻底干燥（上下左右前后内外）。

③ 烘干后的模样应放置在湿度较小的地方，放置稳妥以防受潮、变形等。

模样进入黑区埋砂造型时，不论是人工搬运，还是机械化生产线运输链或带输送，务必保持白模质量。

烘干过程除控制温度外要注意控制湿度，一般湿度应不大于 30%，如在良好的通风良好的烘干设备中烘干则效果更好。烘干设备有鼓风干燥箱、干燥室及连续式或循环式干燥室，热源可采用电热、暖气供热。

为了缩短烘干时间，烘干（炉）需装有空气除湿系统，烘烤时空气湿度及其流动状态与烘干时间和温度有着同等的重要性。模样烘干达到干燥状态时重量恒定，烘干时间必须通过实验确定，涂层的干燥初期速度较快，一般有 70%~80% 的水分在全部干燥时间的 20%~30% 内即可脱水，而剩余 20%~30% 的水分则需要整个烘干时间的 70%~80% 才能慢慢脱水，辅以有远红外线和微波干燥方法，则大大地加速模样的干燥。

（2）涂料的涂挂与烘干工艺

涂挂工艺的控制对生产出合格的铸件是十分重要的。需要控制的主要因素之一是涂料的密度。涂料密度与其动态黏度、固体物含量、涂层厚度等参数有着直接的关系，故密度是控制涂料挂涂质量重要的环节，最好用容重法测定涂料密度，常用以波美比重计来测定，但不是最精确的方法，因为涂料中结构的形成会使测试结果产生较大的波动（变化）。当搅拌停止后，搅拌和不搅拌对模样烘干后的涂层有明显的影响。为了得到较佳效果，涂料在使用过程中应进行搅拌并控制其温度，湿度使之处于剪切稀释状态下进行涂挂。这样可使涂挂的黏度和涂层的厚度均匀而稳定，使铸件划一，便于生产控制。

测量模样烘干后涂料层的重量是涂料均匀性最重要的指标。模样干涂料重量的合理范围只能通过浇注实践后来确定。对涂料密度进行调整可以获得较理想涂层重量。涂料层温度和搅拌工艺控制得当可以在恒定时间内达到均匀的涂层效果。这些因素都能直接影响到涂料层的强度和透气性。

消失模铸造的涂料配制使用是决定铸件重量的关键因素之一。涂料配制、使用是系统工艺，要从原材料，各种使用原料严格检验把关，选择匹配的搅拌设备和工艺，涂挂质量，烘干工艺，保管运输，使用等每道工序务必层层把关，人人管理质量，才能为获得合格铸件提供可靠保证。

2.3 消失模铸造造型材料设备

2.3.1 型砂

2.3.1.1 干砂性能及要求

EPC 常用的干砂是天然石英砂。干砂中含有大量粉尘会降低透气性，浇注时阻碍气体的排出。砂粒粗大容易出现粘砂，铸件表面粗糙。圆形或半多角形的干砂可提高透气性。一般干砂粒度分布要集中于一个筛号上，有助于保持透气性，圆形砂流动性和紧实性最好。角型砂流动性稍差，但适当紧实后抗粘砂性能较好，一般不使用复合形干砂，因为它在使用中容易破碎，会产生大量的粉尘。

生产铸铁件选用的石英砂，SiO_2 含量最好大于 90%以上，并且经过水洗，灰粉含量小于 3%以下，砂子不允许有水分、潮湿。颗粒组成采用 40~70 目或 20~40 目为宜。生产铸钢件选用石英砂，最好使用水洗石英砂，含 SiO_2 大于 95%以上，颗粒组成采用 40~70 目或 20~40 目。铸铝件可选用 50~100 目细砂。不同铸件种类对干砂性能的要求见表 2-22。洛阳几个厂生产的宝珠砂是圆形的，耐火度高。使用透气性好，是较理想的 EPC 用砂。

表 2-22　不同铸件种类对干砂性能的要求

铸件种类	干砂种类	筛号/目	SiO₂ 含量	颗粒形状	备　注
铸铁件	天然石英砂	40～70 或 20～40	>90%	圆形或半多角形	灰粉含量低，干燥，不允许有水分
铸钢件		40～70 或 20～40	>95%		
铸铝件		50～100			

干砂粒度分布的变化对流动性、透气性、紧实性能会产生重要的影响，因此应在干砂处理过程中加以控制。干砂应使用筛砂机去除团块和杂物，减少粉尘，大量生产车间要使用干砂冷却器控制干砂的温度，应降至 50℃ 以下才能使用，以免模样软化造成变形。干砂运输应稳定操作，控制粉尘含量，气力输送系统需要大的回转半径，压缩空气应干燥。灼烧减量是衡量干砂性能的一个重要参数，它反映了模样热解残留物沉积在干砂上的有机物的数量，这种碳氢残余物的积累降低了干砂的流动性，当灼烧减量超过 0.25～0.50 时更为明显。为精确测定灼烧减量，被测的干砂试样是单筛砂，因为有机物易于集中在颗粒小的砂粒之上。

2.3.1.2　型砂

（1）生产铸铁件所用的硅砂

从内蒙古的通辽、赤峰，到河北围场一带广大的地区，蕴藏有大量的天然沉积硅砂，虽然 SiO₂ 含量不太高（略高于 90%），但粒形圆整，含泥量相当低，非常适合生产铸铁件。目前，已在通辽、赤峰、围场一带建立了大量设备条件较好的采砂场，全都采用水力分级。按用户的要求，也供应含泥量低于 0.3% 的擦洗砂。有的厂家还供应制造壳型、壳芯用的覆膜砂。这一带产出的天然硅砂，完全可以满足东北、华北地区铸铁件生产的需求。

江西鄱阳湖沿岸，也蕴藏有大量天然沉积硅砂，SiO₂ 含量大致与通辽一带的硅砂相当，砂粒的形貌略逊一筹。这一地区的硅砂也已大量开采，并有完备的加工、处理设施，产品有水运之便，可满足华东及其周边地区铸铁件生产的需求。

河南省中牟、新郑一带也蕴藏有大量沉积硅砂，虽然 SiO₂ 含量只有 80% 左右，粒形也以多角形为主，洛阳拖拉机公司长期的生产实践证明，用于配制铸铁用黏土湿型砂是没有问题的。现在这一地区已建立不少采砂场，大都装备有水洗、擦洗设备，成为向河南、湖北等中原地区铸铁厂供应原砂的基地。

生产铸铁件所用的硅砂，除以上所述的三个主要基地外，辽宁、河北、山东、江苏、四川、湖北、湖南、陕西、甘肃及新疆等地，也都有规模较小的矿源。

（2）生产铸钢件所用的硅砂

生产铸钢件所用的硅砂，一般要求 SiO_2 含量在 95％以上。目前，主要产地是福建沿海一带，已逐步建立了很多规模相当大、设备条件良好的生产基地，产量完全可以满足我国铸钢行业的需求。

福建沿海产出的天然硅砂，SiO_2 含量一般都在 95％左右，大部分都可用于制造铸钢件，按照当地的习惯，将其分为"海砂"和"沉积砂"两种。

"海砂"是取自海边潮汐带附近的砂，杂质较多，SiO_2 含量一般在 92％～97％之间，但砂粒基本上为圆形。海砂开采方便，在某一矿点开采后，可在海潮的作用下得到自然的补充。

"沉积砂"大都沉积在海岸附近，矿点表面的覆盖土层大致厚 1m，砂层一般在 4～8m 之间，供应的原砂 SiO_2 含量大都在 97％左右，砂粒主要为多角形。

晋江地区沿海近百公里的海岸线一带都有硅砂矿源，目前主要生产供应海砂，年供砂量约 20 万吨。晋江中部砂区海砂的品位较高，SiO_2 含量 94％～97％，适合制造铸钢件用。

晋江地区"沉积砂"的品位更高一些，目前基本上尚未开发利用。

福建东山岛是优质硅砂的主要产地。东山海砂的含泥量低，SiO_2 含量 95％～97％。东山的沉积砂品位更高，主要产地是梧龙和山只。

福建平潭出产的硅砂主要是海砂和风积砂，SiO_2 含量为 95％左右，颗粒形状也较好。

福建长乐沿岸也有大量的硅砂可供开采，但其品位较晋江、东山和平潭的硅砂略低，SiO_2 含量为 90％～95％。

除福建沿海以外，广东新会、台山一带，海南东方及儋州一带，也都出产可供生产铸钢件的硅砂。

（3）非硅质砂及人造砂的应用和发展

世界各国铸造行业中所用的原砂，一直都是以硅砂为主。目前，全世界铸造行业每年耗用的原砂不下 6000 万吨，其中，硅砂所占的比重约在 97％以上。硅砂中又以天然颗粒状沉积砂的用量最大，由破碎石英岩制成的人工硅砂用量小。硅砂最可取之处是储量丰富、价廉易得，这是任何其他矿砂无法与之相比的。具有能适应铸造工况条件的一些特性，如：

① 有足够高的耐火度，能耐受绝大多数铸造合金浇注温度的作用。

② 颗粒坚硬，能耐受造型时的舂、压作用和旧砂再生时的冲击和摩擦。

③ 在接近其熔点时仍有足以保持其形状的强度。

硅砂的主要缺点是：

① 热稳定性差，在 570℃左右发生相变，伴有甚大的体积膨胀，是铸件产生各种"膨胀缺陷"的根源，也是影响铸件尺寸精度和表面粗糙度的主要因素。

② 高温下化学稳定性不好，易与 FeO 作用产生易熔的铁橄榄石，导致铸件表面粘砂。

③ 破碎产生的粉尘易使作业人员罹患硅沉着病（矽肺病）。

在对铸件质量的要求日益提高，以及对环保和清洁生产的法规日益严格的今天，"硅砂并非理想的原砂"已成为大家的共识，寻求硅砂的代用材料已是当前铸造行业中重要的研究课题之一，各工业国家对此都相当重视。

铸造行业中广泛应用的非硅质砂主要有镁橄榄石砂、锆砂和铬铁矿砂。

锆砂具有多种适于作铸造原砂的特性，是比较理想的造型材料。全世界锆砂的储量不多，主要产于澳大利亚和南非，价格高，制约了其在铸造生产中的应用，只在熔模精密铸造中使用较广。

镁橄榄石砂和铬铁矿储量较多，价格也比锆砂便宜，两者都是由破碎矿石制得的，粒形不好，价格也比硅砂贵得多，目前都只用于某些铸钢件。

1）镁橄榄石砂　镁橄榄石型化合物，即是以镁橄榄石为原料聚合成的化合物。属硅酸盐矿物，存在于超基性火成岩中。宜昌纯镁橄榄石 Mg_2SiO_4 简写式为 M_2S，其含量为 80%～90%，MgO 含量为 4.3%～5.0%，有害杂质的含量极低，$(Al_2O_3+CaO)<1.2\%$，$(FeO+Fe_2O_3)<10\%$，其密度为 3.10～3.27g/cm³，莫氏硬度 6.5～7.0 级。钙镁橄榄石含游离态 SiO_2 0.97%，而纯镁橄榄石不含游离态 SiO_2，属世界公认的绿色无毒铸造材料。

铸造常用硅砂在生产高锰钢或较厚大铸钢件时，易产生严重夹砂。因此，要用价格贵得多的特种锆砂、铬铁矿砂、刚玉砂来代替。如用橄榄石砂不仅可生产出优质铸件，价格远比特种砂便宜。因而橄榄石砂的用量呈增长势头。美国铸钢用 M_2S 砂一直稳定在 4.5～5 吨/年，日本约 3～4 万吨/年，原苏联用于铸造的 M_2S 砂达 150 吨/年。

① 我国的橄榄石资源。我国已开发利用的橄榄石资源有 3 处，由于品种不同，其用途多异。

a. 辽宁省营口大石桥的苦闪橄榄石，主要是经燃烧后作耐火材料使用。

b. 河南与陕西省交界的商洛山区也产钙镁橄榄石，储量约 5 亿吨。由于硬度低，原矿中 CaO、Al_2O_3 含量多，有易吸水等特点，因而不适用于作耐火材料。经水洗处理后可作复用性差的铸钢用砂，或当作高炉炼铁的添加剂用。

c. 湖北宜昌太平溪的纯镁橄榄石岩，已探明总储量约 5 亿吨。由于原矿中 M_2S 的矿物成分含量高、硬度高，影响耐火度的有害杂质含量极低，因而是一种优质的合金钢造型砂材料和良好的耐火材料。

② 镁橄榄石的性质。是一种弱碱性耐火材料。含氧化镁 35%～55% 和相当数量的铁酸镁。MgO/SiO_2 物质的量比为 0.94～1.33。以镁橄榄石 $2MgO \cdot SiO_2$ 为主晶相。具有一定的抗碱性熔渣能力，较高的耐火度和荷重软化温度，较强的抗氧化铁侵蚀能力。以橄榄岩、蛇纹岩、纯橄榄岩、滑石等为原料，加入适量的烧结镁砂，在氧化气氛中烧成。其烧成温度随镁砂加入量的增加而相应提高。

镁橄榄石、砂是当今世界先进国家生产铸钢件，特别是高锰钢采用的优良造型材料，具有耐高温、抗浸蚀、化学稳定性好等优点。该砂具有较高的耐火度（1710℃）和抗金属氧化侵蚀能力，能有效地防止铸件产生化学粘砂，保证得到光洁的铸造表面和清晰的铸件轮廓。该砂在所有温度下膨胀缓慢，且小于变形，没有骤然膨胀的特点，铸件不易产主夹砂缺陷。

③ 镁橄榄石砂性能优点。镁橄榄石砂耐火度最高可达 1750℃，热稳定性好，高温体积膨胀小，抗热震性好，高温强度大，耐磨性好。

④ 镁橄榄砂规格。JB/T 6985—1993 铸造用镁橄榄石砂用作铸砂材料，分镁橄榄石型砂和镁橄榄石颗粒砂两种。镁橄榄石型砂主要有 5#砂，6#砂和 7#砂。5#砂主粒度在 20～40 目，6#砂主粒度在 40～70 目，7#砂主粒度在 70～120 目。镁橄榄石颗粒砂主要规格：1～3mm，1～4mm，2～5mm，3～6mm，4～6mm 和 2mm 等。

⑤ 镁橄榄砂理化指标

MgO	SiO₂	Fe₂O₃	Al₂O₃	Cr₂O₃	其他	酌减	耐火度
>41%	<40%	<11%	<3%	不限	<1%	<3%	1710℃

2）铸造级宝珠砂　寻求硅砂代用品的另一途径是开发人工制造的颗粒材料。在这方面进行研究开发工作，近 10 多年来逐渐进入了实际应用阶段，并已在各国铸造行业显现了好的效果。

在人造砂的开发方面，碳粒砂、莫来石陶粒等均为美国或日本研发成功。我国在这方面已经有非常重要的自主创新成果，研制了高铝质的"宝珠砂"。我国河南洛阳一带，高铝矾土资源丰富，十多年前由生产企业与高等学校合作研制高铝质人造砂，现有凯林铸材公司、金珏铸材公司、宝珠砂铸材公司等企业生产，这种产品最初的名称为"宝珠砂"。

宝珠砂的制造方法是：选取优质铝矾土原料，置电弧炉中熔融，当熔融液自炉中流出时，用压缩空气流将其吹散、冷却后，得到球形或接近于球形的颗粒，表面光滑。

"宝珠砂"具有多种优异的性能，适用于各种铸造合金和多种特种铸造工艺，价格低于锆砂和铬铁矿砂。"宝珠砂"问世之初，立即受到了国外的重视，早期的产品主要出口到日本，并由日本转销到其他国家。

目前中国宝珠砂的年产量大约在 40000t 以上，大部分都出口供外国使用，国内应用的很少。近几年国内的用量虽逐渐有所增加，仍然未能充分利用我们自己的优势，希望铸造行业的同仁对此予以更多的关注。

宝珠砂是对熔融状态下的高氧化铝质的原料（铝矾土）进行喷雾处理，使之再结晶而得到的高耐热性、低热膨胀、球状人工铸造砂。宝珠砂（NFS）系列铸造陶粒砂产品在性价比上优于铬铁矿砂、锆英砂，为铸造行业提高铸件质量、降低成本、减少污染开辟了有效途径，是目前世界上较为理想的新型铸造用砂，具有广阔的发展前景。

铸造级宝珠砂（粒径 10～300 目）以优质铝土矿为原料，经重熔冶炼再喷吹成球形，球度＞95％，圆度＞95％，耐火度＞1800℃，强度＞65MPa，表面光洁度高，透气性能好，是精密铸造、覆膜砂、自硬砂的新型铸造材料，宝珠砂在消失模铸造生产中进行了系统的应用试验，该砂是人工珠型砂，中性，耐火度可达 2000℃，多家大型铸造企业通过对高锰钢磨球、印刷机墙板、高锰钢衬板、油田大四通等，铸铁、球铁、高锰钢、高合金钢钢和碳素钢的试验表明，宝珠砂具有如下优点：既适用于碱性金属，又适用于酸性金属；沉降系数小，适用于复杂型腔箱体件，可防止填砂变形；横向填砂性能好，在 $\phi50\times200$ 管腔中填砂无安息角；耐火度高，1650℃浇注碳钢厚壁件，腔内型砂不烧损，不粉化，不粘砂；不含 SiO_2，发生硅沉着病倾向轻，可称为绿化砂，宝珠砂的应用，使过去不能做的铸件，变为可能。

① 宝珠砂铸造陶粒主要技术指标

a. 主要化学成分：

$Al_2O_3\geqslant75\%$　　　$Fe_2O_3\leqslant5\%$　　　$TiO_2\leqslant5\%$　　　$SiO_2\ 5\%\sim20\%$　　　其他　　微量

b. 粒形：球形。

c. 角形系数：≤1.1 极似球状。

d. 密度（堆集密度）：1.95～2.05g/cm³。

e. 耐火度：≥1790℃（1800～2000℃）。

f. 热膨胀率：0.13％（1000℃加热 10min）。

g. 规格：10～14 目、20～30 目、30 目、40～70 目、100～140 目、170 目。

② 宝珠砂铸造陶粒的优点

a. 球状粒形：粒形接近球型，表面光滑，无凹凸脉纹。其流动性及填充性好，得到良好的成型性和铸型强度。溃散性好，易于清砂作业。黏结剂使用量较其他同类型砂有较大的节省。

b. 热膨胀率低：热膨胀率之低与铬矿砂等特殊砂相同，所以，生产铸件的尺寸精度高，破裂及表面缺陷少，铸件成品率高。

c. 耐破碎性好：宝珠砂的致密性好，强度高，即使重复再生使用也很少破碎，减少铸造生产过程中的粉尘对生产环境的污染，再生性好，减少产业废物排放，利于环境保护。

d. 耐火性好：主要成分是氧化铝，所以耐火性很好。耐火度≥1850℃，能适用于铸造各种金属及合金。

e. 堆积密度较小：堆积密度小、与铬矿砂、锆英砂相比（密度），宝珠砂的密度较低，制作相同模型（芯）时用砂重量比铬矿砂、锆英砂大大降低，相应降低生产成本，按体积比计价，只有铬矿砂的 50％，锆英砂的 30％。

f. 中性材料：pH 值 7.6，化学性能稳定，耐酸碱侵蚀，酸耗值低。对酸性、碱性结合剂均可使用，树脂加入量可减少 30％～50％，水玻璃加入量≤4％。

③ 宝珠砂在消失模铸造上的应用。随着消失模铸造的不断兴起，如何降低铸件成本，增加铸件成品率，提高铸件质量，是摆在每个铸造工作者面前的一个难题。众所周知，要解决该类问题，关键在于型砂的选择。习惯上，为了降低砂子成本，人们普遍选择廉价的石英砂或镁橄榄石砂，由于该种类型的砂子存在耐火度低、流动性差、透气性差等问题，在浇注过程中会产生很多的铸造缺陷，如夹砂、气孔、结疤、鼠尾等，尤其在合金钢铸造中更为明显。该砂在后续砂处理过程中会产生大量粉尘，使得生产车间环境非常恶劣，废砂数量增加，有效砂子降低，砂子的回用率低下，不耐用。因此，从综合角度考虑，砂子的成本反而增加。一种新型的消失模铸造用砂，被国际铸造界广泛关注，并被誉为绿色产品的新型砂——宝珠砂，该砂集中了耐火度高、流动性好、透气性强等诸多优点，完全解决了夹砂、气孔、结疤、鼠尾等铸造缺陷。现将影响铸件质量的几大要素及宝珠砂的优良性能如下。

a. 耐火度。宝珠砂采用优质铝矾土为原料，通过高温电炉熔制成。宝珠砂为球形颗粒，主要成分是三氧化铝（Al_2O_3），它的耐火度可达 1900℃。石英砂的主要成分是二氧化硅（SiO_2），其耐火度低于 1700℃；石英砂在不同的温度下会有多种晶体出现，从而在浇注过程中再次降低型砂的耐火度。采用宝珠砂可明显减少机械和化学粘砂，大大减少清砂的劳动强度，并且不易产生夹砂、冲砂、气孔等缺陷。例如，某消失模设备有限公司生产的高锰钢铸件，在使用宝珠砂之前，粘砂、夹砂现象非常严重，每次都要花费大量的人力物力进行铸件表面的清理、打磨工作，既增加了铸件的生产成本，还造成铸件表面质量不美观。在使用宝珠砂之后已完全消除了该类铸造缺陷。为此，节省成本6%。宝珠砂的耐火度可与铬铁矿砂媲美，现已广泛应用到原铬铁矿砂的铸造中。

b. 流动性。由于宝珠砂为球形颗粒，其流动性非常好，造型时易紧实，且能保持良好的透气性，而石英砂和镁橄榄石砂均为多边形砂，流动性较差。例如某公司生产的发动机缸体，原采用镁橄榄石砂作为填充用砂，由于多边形砂的流动性差，多次发生鼠尾、结疤等缺陷。使用宝珠砂后这种现象已得到明显改观，提高成品率5%。实践证明，宝珠砂的流动性优于现有的各种型砂。

c. 透气性。型砂的透气性主要取决于砂粒的大小、粒度分布、粒型和黏结剂种类等因素。在浇注过程中，如果型砂的透气性差，内部因高温发热而产生的大量气体就无法及时排出，从而会发生呛火现象，在铸件中产生气孔、冷隔、浇不足等缺陷，甚至报废。石英砂和镁橄榄砂均为多边形砂，它的透气性很差，而宝珠砂为球形颗粒，且粒度分布均匀，具有良好的透气性，可避免出现该类铸造缺陷。某铸钢厂，在生产高锰耐磨钢铸件时，先后使用过石英砂和镁橄榄石砂，但效果都不理想，由于该两种砂的透气性差，熔化的泡模模样气体排不出，铸件表面产生大量结疤，而且浇注时因高温发热而产生的大量气体也无法排出，造成了气孔、结疤、浇不足等缺陷，最后还是选用了宝珠砂才解决了这种问题，成品率提高了7%。

d. 热膨胀系数。铸件在高温浇注过程中，由于型砂受热膨胀会造成型砂尺寸的微量改变，进而影响铸件尺寸的精度。型砂的热膨胀系数过大，还会造成夹砂、结疤、鼠尾等铸造缺陷。而宝珠砂的热膨胀系数极小，在浇注过程中几乎没有膨胀现象，大大提高了铸件的精度，其性能可与锆英砂媲美。河南新乡一带有很多厂家生产振动设备，其壁板上可铸有很多小孔，由于其精度及耐火度的原因，原来使用锆英砂作为铸造型砂，现使用宝珠砂，型砂成本降低了70%。

e. 角形系数。角形系数差不利于型砂的均匀分布，砂粒间不易形成较好的黏结剂桥，造成型砂分散、紧实度不足、铸型强度低；角形系数差还会使型砂的流动性下降，不易紧实，进而影响型砂的强度和透气性；易产生起模性不好、机械粘砂等缺陷。宝珠砂是球形砂，具有极佳的角形系数，因而型砂集中、紧实度高，可避免该类缺陷的发生。某铸钢厂生产中、大型铸钢件，原来使用铬铁矿砂铸造型砂，使用宝珠砂后，节省了型砂成本60％以上。

f. 回用性能。由于石英砂是多边形砂，强度低，在造型及砂处理过程中型砂易碎裂，不但会产生很多的粉尘，污染生产环境，还会产生很多的废砂，导致砂子不耐用。据统计，每次浇注清理出的废砂量是5％左右。宝珠砂是球形砂，强度高、不易碎裂，可大大减少生产车间的粉尘量，降低砂处理工人的劳动强度及生产成本，降低废砂数量，增加有效回用砂的数量，从而大大降低了型砂的损耗量。据吉林创新消失模设备有限公司统计，宝珠砂每年的损耗量在5％以下。从而直接抵消了宝珠砂由于价格高而造成的高成本，大大降低了生产成本。据使用该砂的厂家测算，一次性增加的成本可在8～10个月中收回。

使用宝珠砂的实际价格只有锆英砂的1/4，铬铁矿砂的1/2。更重要的是降低了黏结剂加入量（消除和降低了黏结剂对铸体质量的负面影响），提高铸件成品率，提高经济效益。

2.3.1.3 填砂

干砂的填充、紧实一定得保证泡沫模样不变形。干砂必须流到模样空腔、眼孔和外部凹陷部位，那么干砂的充填、紧实性就十分重要。EPC工艺使用圆形和多角形两种干砂。尽管干砂的圆整度和表面光洁度的确对流动性有一定影响，但是这两种干砂在EPC铸造工艺中都有应用。我国秦皇岛、承德等地产圆粒石英砂。

大量流砂的形成会加剧泡沫模样的变形。如果在砂箱的一侧加入过量的干砂，则干砂流过泡沫模样簇时会使泡沫模样弯曲。泡沫模样簇放置方法和固定方式也很重要。如果在固定泡沫模样簇时就开始振动，而砂箱的振动会使泡沫模样簇变形。若埋一些砂子将泡沫模样簇固定，或者制造专用夹具固定泡沫模样簇，也是可以使用的办法。适当准确振动是振实干砂的必要条件。通常经过振动的干砂振动可使泡沫模样空腔处的充填和紧实同步进行，而不发生变型。合适的振动，可使干砂在数秒钟内充填紧实，并达到最大的密度，如此，能够在加砂时铸型得到紧实，缩短加砂周期。

填砂的速度必须与干砂紧实时间及充填模样特殊内腔的水平砂流相匹配。若振幅过大会使砂流发生流态化，型壁坍塌、泡沫模样膨胀等，造成铸件金属渗入与粘砂。过分振动，也会使砂箱中产生砂流，使泡沫模样变形。加砂速度慢，而延长了造型时间。当前，用户应根据自己泡沫模样的情况试验得出最佳的加砂量和振动时间。这一过程也是不可少的，有时可能会很长。

（1）填砂要求

① 砂床准备（即予填砂）：按金属种类、铸件大小、砂箱底部一般预填干砂厚度在 100mm 以上。便于模样安放，防止砂箱底部筛网损坏。

② 根据工艺要求，由人工或机械手放置并用干砂固定，模样放置的方向（填砂方向）应符合工艺要求（填充和紧实要求）。

（2）填砂方法

由砂斗向砂箱内加砂有三种方法：

① 柔性加砂法。人为控制砂子落高，不损坏模样涂层，方便灵活，仔细按工艺要求操作，可达到良好效果。但速度慢，效率低。

② 螺旋给料器加入砂箱中（如同树脂砂），可移动达到砂箱各部位，但落高不能调整。

③ 雨淋式加砂。加砂斗底部有定量的料箱，抽掉阀板后，通过均匀分布的小孔流入砂箱，加料箱尺寸基本与砂箱尺寸相近，加砂均匀，冲击模样力最小，并可密封、定量加砂，效果好，改善环境，结构稍复杂。适于单一品种、大量流水生产线上使用。

（3）填砂与振动配合

配合方式可分为以下 2 种。

① 填砂过程砂箱不振动，全部加完干砂后再振动。模样顶部干砂比底部干砂下降快，这样做会造成细长复杂模样的变形。但此种方法操作简单，对厚实而刚性较好的模样可满足要求。

② 边填砂、边振动。填砂、紧实过程互相匹配效果优于前者，尤其对于复杂模样，必须边加砂、边振动，才能均匀充填模样的各个部分，显著减少模样变形。生产上大多采用此种方法。

（4）填砂操作注意事项

① 填砂前应检查砂箱抽气室隔离筛网有无破坏。

② 填砂埋箱过程不能损伤模样，不使涂层剥落。

③ 加砂要均匀，速度不能太快，模样内外要均匀提高砂柱高度，长杆及其他刚度低的模样特别要注意防止弯曲变形。

④ 对特别难于填砂部位，应辅助人工充填，也可使用自硬砂芯解决局部填砂困难的地方，必要时开填砂工艺孔，然后再用 EPS 填上，用胶带纸封好。

⑤ 干砂温度必须低于 50℃。

⑥ 顶部吃砂量，在使用负压条件下低于 50mm。

⑦ 加砂工序需加强局部抽风罩，防止粉尘污染。

2.3.2　砂箱

EPC 砂箱的尺寸要尽可能的小，以降低干砂的用量，减少紧砂能源消耗，抑制砂流的形成，缩短充填和紧实时间，常用的砂箱尺寸为：750mm×750mm×700mm 方形砂箱和 φ750mm、高 1000mm 的圆形砂箱，容砂量约为 900kg，可以有足够的空间将铸件布置在以直浇道为中心的 360°范围内。总之，砂箱的尺寸形状决定于铸件的大小和尺寸，即铸件的尺寸及形状是设计制造砂箱的前提。

砂箱通常是由 8～10mm 厚的钢板焊接而成，振动台接触点上有耐磨片，砂箱的侧面有网孔，而使气体易排出，如果浇注时要抽真空，则砂箱上还应有真空室。

距离砂箱中心越远的泡沫模样越容易变形，未固定紧的砂箱得到的振动能量小，不如靠近砂箱边的干砂容易紧实。无中心线的振动会减少重心处泡沫模样的变形，然而重心处的干砂的振动不足，不能够将干砂填入泡型的空腔内。因此需调整泡沫模样簇的位置，避开砂箱的重心，得到正确的充填、紧实。砂箱的重心位于中心处，而略低于一半砂箱的高度。

砂箱的共振频率很重要，如果干砂的振动过程引起砂箱的共振，往往会导致泡沫模样簇的变形。振动台的设计形式亦影响泡沫模样簇的干砂紧实效果。普通的造型系统使用圆形砂箱，砂箱放在 3 个传递振动的位置上，振动台采用两个相对旋转的电机产生振动能量。使用加速度计监测振动台的振动状况，使它处于良好状态。在生产过程中，要求砂箱牢固可靠，振动台工作稳定，以保证生产的可靠性。

为了使泡沫模样遇到高温的金属液在真空状态下气化，而不是燃烧，在继续抽负压的过程中，将气化的泡塑产物，通过涂料、干砂吸抽出箱外。于是就要采用专用砂箱。常用的 EPC 专用砂箱的特点必须使泡沫模样被高温金属液冲击取代时新产生的气体应迅速地被负压抽出。根据这种要求，EPC 常用的砂箱有以下几种。

① 单层底面空砂箱：在制造砂箱时使用 6～8mm 厚的钢板焊接而成，抽气管使用 4in 管。这种砂箱只有一面排气，所以用于铸造壁厚不大的泡沫模样比较合适。

② 单层壁而底部只放透气钢管砂箱：这种砂箱制造比较简单，在置放管

时，采取 1.5～2in 钢管，管上钻以 ϕ6mm 眼孔，眼孔之间相距 30～40mm。一般布置 4～5 根，在出气端用一根大于那些管直径的钢管等距离把它们焊在它的上面，从管的中部向箱外焊接一端 2in×60mm 长的抽气管。

③ 五面空砂箱：在用钢板焊的砂箱中的底部放钢管（管上钻有许多眼孔，包一层金属纱网）或者四壁都放置钢管用于抽气。五面空砂箱虽然制造比较麻烦，成本也较高，但是它的抽气效果比较好。沈阳中世机械电器设备厂制造的 1000mm×900mm×800mm 的标准砂箱就是供用户的五面空砂箱，制造精细，焊缝平整牢固，使用方便。

国外砂箱设计时，一般砂箱尺寸尽可能小一些以降低干砂的用量，减少紧砂能源消耗，抑制砂流量的形成，缩短充填和紧实时间，常用砂箱为 600～1000mm，高度为 1000mm，如推荐使用 750mm 的圆形砂箱，容量约为 900kg 干砂，可以有足够的空间将铸件布置在直浇道为中心的 360°范围内。

振动接触点上有耐磨片。砂箱的侧面多有网孔使气体便于排出。离砂箱中心越远的模样越容易变形。未与振动台夹紧的砂箱中，砂箱的重心得到的振动能量小，不如靠近砂箱边的干砂容易紧实，重心处的干砂的振动不足虽然减少模样变形，但不能将干砂填入模样的内腔深处。因此，通常要调整模样簇的位置，避开砂箱的重心以得到正确的填充和紧实。砂箱的重心位置在中心处略低于一半砂箱的高度。砂箱的共振频率很重要。如果干砂振动过程引起砂箱的共振，会导致模样簇的变形。国外许多生产线都不需要通过抽真空进行浇注，因而简化了砂箱的结构设计，减少了投资。意大利目前世界最先进的球铁轮毂铸件生产时，铸件重 42kg，平均壁厚 20mm，最厚处 40mm，所用圆砂箱结构简单，浇注时不抽真空，在没有冒口工艺条件下，经解剖铸件检验，内部质量致密，没有缩孔、缩松缺陷，也没有石墨膨胀造成型壁移动而影响尺寸精度，这样的铸件在国内工艺设计时砂箱必须考虑夹层，浇注时抽真空才能保证铸件质量，原因有以下三点。

① 轮毂铸件形状相对比较简单，干砂充填紧实容易，工艺设计采取底注，模样埋入砂箱深度高，目测在 800mm 以上，保证了足够厚度的紧实砂层，能够抵抗浇注时的上浮力。

② 砂箱结构上的特点：轮毂砂箱设计有螺旋状箱筋，与模样贴近，起了加固砂型的作用，可以抵抗球铁共晶凝固时膨胀力的影响，避免型壁移动造成尺寸偏差和内部缩松问题。

③ 浇注时自动放置浇口杯的框架是靠油压升降机构压在砂层表面上，起了压铁的作用。

2.3.3 振动紧实

（1）干砂振动紧实

紧砂需要振动，振动后砂子密度增加 10%～20%，振动紧实砂子最好在填砂过程中进行，以便使砂子充入模样簇内部空腔，保证干砂紧实而模样不发生变形。

WEDRON SILICA 公司的 DarYihoyt 研究了干砂的透气性及干砂紧实的关系，他通过标准锤试验所测的原砂的透气性和完全不同的干砂振动结果，没有任何关系。图 2-26 表示出使用 3 种紧实方法所测得的透气性与其粒度的关系。这些方法包括标准三锤紧实法、振动、在一定的压头下（0.0068MPa）振动，三锤试验中，30 号筛的干砂透气性为 1000，振动后砂的透气性为 800。在 0.0067MPa 载荷（相当于 432mm 砂柱高）的作用下透气性仅有 650。振动紧实可使透气性减少 20%。在一定压头下的振动紧实同 AFS 三锤紧实相比，透气性减少 40%。40$^\#$ 筛、50$^\#$ 筛、70$^\#$ 筛、100$^\#$ 的干砂，也能得到类似的结果。任何情况下，无论有没有压头，振动都使干砂透气性减少 30%～40%。

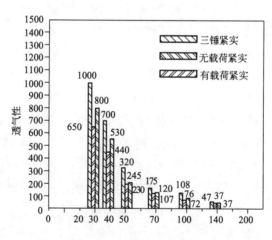

图 2-26　不同的紧实方法
紧实后 WEDRON 的透气性

平均粒度相同的干砂，由于大小颗粒镶嵌现象减少了通道，其透气性不同。干砂的粒度分布对透气性影响见图 2-27。在一定的载荷下 40$^\#$ 筛的干砂的透气性为 440。但具有相同 AFS 平均粒度的两号筛的干砂，在一定载荷作用下振动后，其透气性仅为 280 左右，不同大小颗粒镶嵌的现象减少了干砂的总体透气性。

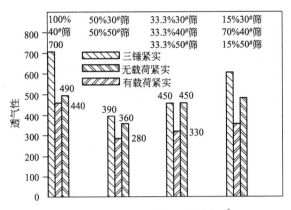

图 2-27　AFS 干砂在不同成分下
粒度分布对透气性的影响

在装箱振动时，一定要把砂子振实，空腔处的振实尤为重要，此处需要的振实时间较长，根据多次的实践经验证明，加入砂箱中的砂子（松散状）到振实，其硬度约提高 20%，直观的比喻即加入砂箱中 1m³ 的砂子，经过振实约为 0.8m³。

无论是水平振动还是垂直振动，都必须使干砂迅速流到泡沫模样的周围。绝大多数"砂流"只出现于砂箱中干砂表面 10mm 左右的部位，越靠近砂箱深处，干砂流动性越差，因为随着深度的增加，砂粒之间的摩擦力增加。振动目的就是要克服砂粒之间的静摩擦力，并产生相对运动，使干砂流到泡沫模样周围和各个部位，而充分紧实。

众所周知，振动参数包括振动时间、振动方向、振动频率和振幅等。振动干砂时砂子的运动情况是比较复杂的，十分准确的测量亦是困难的，这并不影响装出比较理想的砂箱。不过在装箱时应该根据泡沫模样的几何情况选择振动的方向和时间。

振幅是指振动位移的幅值，可以用零到峰值幅值或平方根幅值来描述，正弦信号的平方根幅值是零到峰值幅度值的 0.707 倍。

正弦振动、加速度 g 的值，可以通过式（2-1）计算：

$$N_g = 4\pi f A / g \tag{2-1}$$

式中　N_g——加速度 g 的数值；

　　　π——3.1415926；

　　　f——频率；

　　　A——零到峰值幅值；

　　　g——重力常数。

对于给定的加速度值，振幅与频率的平方根的倒数成正比。因此，频率减小时，要产生一定的加速度而所需的振幅急剧增加。

迪尔公司的 Wegsheid 对干砂的充填紧实作了研究。他用装满干砂的小箱，使用电动液压激振器控制砂箱在水平和垂直两个方向上振动。电动液压振动器的频率和加速度有专门的信号输入，故振动时砂子的运动通过电监测，砂箱是紧固在振动台面上。

他的试验大多数都是在先填砂后振动的方式进行的。砂箱在一特定的振幅、振动频率、振动方向下振动，测量振动前后干砂的密度，砂箱中放入试管，在振动时它随砂箱一起振动。使用线性振动差分转换器（IVDT）监测振动过程中干砂流进试管中的量，线性振动差分转换器定时扦入到试管中测量砂柱的高度，振动频率为 31.5Hz 的条件下干砂的密度与垂直振动时间的曲线见图 2-28。干砂密度从最初 1536g/L 开始，在振动的头 30s 内快速上升，然后缓慢增到最大密度，约为 1680g/L。在 1g 加速度下振动 30s 后，密度仍有一定的增加。但在 2～4g 加速度时振动，其紧实度并没有 1g 时的振动大，在125～250Hz 时振动，加速度越高则干砂的密度越大。

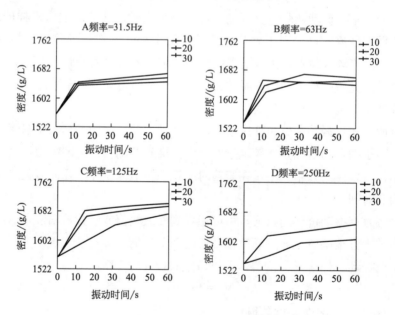

图 2-28　不同密度下垂直振动对干砂密度的影响

水平振动的结果与此类似，一般情况下，较高的加速度 g 在高频振动时才能达到，低振幅的振动则只有在快速紧实干砂时才能达到。不同频率时水平振动对干砂密度的影响见图 2-29。振动开始 60s 后，振动方向对干砂密度的影响见图 2-30。水平振动时干砂的密度随振动频率的增加而增加。在一定频率时振动 60s 后，水平振动的干砂的密度较高。在恒定的 4g 加速度时，水平振动在任何一个频率下所达到的密度都最高。

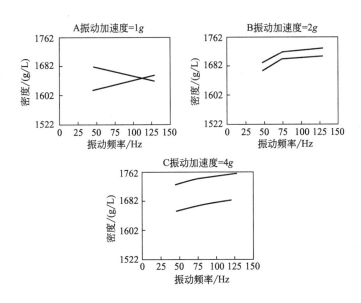

图 2-29　振动 60s 后在不同速度下振动方向对干砂密度的影响

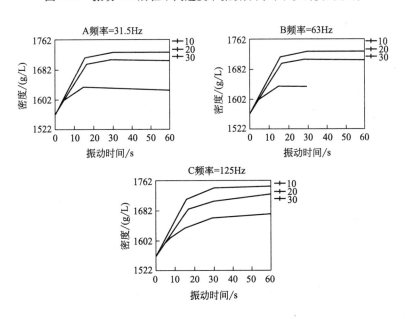

图 2-30　不同频率时水平振动对干砂密度的影响

127

（2）振（震）实台

振动方向对紧实有重要影响，大多数振动紧实设备是以垂直方向振动砂子，目前振动设备的振动方式有各种不同的设计：一维振动、二维振动、三维振动直至三维六方向振动。六方向振动是 X、X'、Y、Y'、Z、Z' 等正反六个方向进行振动，以达到不同方向的型腔都能够使干砂充填到位，并且能够振实。X、Y、Z 为顺时针方向振动；X'、Y'、Z' 为逆时针方向振动，见图 2-31，振动台的四面和底部装有六个振动电机，其功率为 $0.2 \sim 0.75kW$。振实台在安装时，为了操作方便和车间现场的整齐美观，一般都安置在负地面下，台面与地面平齐。振动台的体积根据铸件的几何尺寸而定。沈阳中世机械电器设备厂的标准振动台的轮廓尺寸为：台面 $1200mm \times 1200mm$，高度 $904mm$。该厂为锦州某厂制造的高锰钢钢轨道叉的振实台，其长度为 $7m$，12 个振动电机。振动台在安装时必须水平，以保证砂在受振动力时不偏移。

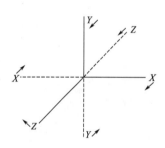

图 2-31　三维六方向振动示意图

EPC 用振动台有一维、二维、三维等。三维振动台有六维振动方向，为 X、X'、Y、Y'、Z、Z'。这六个方位的振动都能把砂子通过振动而充实进铸件的空腔部位。需要采用一位，或二位⋯⋯六位，需看铸件的空腔而定。

调频气垫振动台为无级变速，它的频率范围在 $10 \sim 80Hz$，在此之间可以根据铸件（泡沫模样）大小的需要选择频率，在停止振动时，它会逐渐停下来，保证了振实后被包围在干砂中的泡沫模样的稳定性。

变频振动台还可以气垫悬浮。台面可调整高度，可在流水线上使用。它的基本工艺参数：振动频率 $10 \sim 80Hz$，振动加速度 $1 \sim 2g$，振幅 $0.5 \sim 2mm$，气囊充气 $0.3 \sim 0.7MPa$。

常用的振动频率是 $60Hz$ 左右，虽然也使用过更高的频率，但所选取的频率必须尽量避免砂箱或振动台的共振区，以使干砂紧实。共振会造成干砂紧实不均匀。振好后的砂子，在抽真空时会进一步提高砂子的紧实度，触摸时有类似触摸石头的钉手感。因此，在浇注时不用加压箱铁。抽真空可以降低砂粒之间的气压，并能提高砂粒之间的接触压力，增加相互之间的摩擦力。

2.3.4　真空抽气系统

2.3.4.1　负压系统

负压系统的主要设备：湿除尘（把浇注时金属液将 EPC 泡沫型气化产生

的烟进行过滤）、水环式真空泵（抽负压用）、负压罐（稳定负压用）、气水分离器（把气和水分离开、并进一步的除去灰尘）、废气净化（通过它把废气进行处理，排入空气中的气体达到国家规定标准）、管路（连接上述各个部分设备成为一个完整的负压系统）和分配器（浇注时连接专用砂箱用）。

负压的作用：

① 紧实干砂，防止冲砂和崩散、型壁移动（尤其球铁更为重要）。

② 加快排气速度和排气量，降低界面气压，加快金属前沿推进速度，提高充型能力，有利于减少铸件表面缺陷。

③ 提高复印性，铸件轮廓更清晰。

④ 密封下浇注，改善环境。

负压大小根据合金种类选定，见表2-23。

表 2-23　不同合金种类的负压范围

合 金 种 类	铸　　铝	铸　　铁	铸　　钢
负压范围/mmHg	50～100	300～400	400～500

注：1mmHg＝133.322Pa。

铸件凝固形成外壳足以保持铸件形成时即停止抽气，根据壁厚定，一般5min 左右，为加快凝固冷却速度也可延长负压作用时间。铸件较小负压可选低些，重量大或一箱多铸可选高一些，顶注可选高一些，壁厚或瞬时发气量大也可选略高一些。浇注过程中，负压会发生变化，开始浇注后负压降低，达到最低值后，又开始回升，最后恢复到初始值，浇注过程负压下降最低点不应低于（铸铁件）100～200mmHg，生产上最好控制在 200mmHg 以上，不允许出现正压状态，可通过阀门调节负压，保持在最低限以上。

2.3.4.2　真空泵在消失模铸造中的作用

（1）消失模铸造真空泵

1）抽真空的目的及作用　模样埋入砂箱中均布逐层加干砂振动紧实后，通过真空抽气将特制专用砂箱内砂粒间的空气抽走，使密封的砂箱内砂粒成型，砂型有一定的紧实度，内部处于真空负压状态。对铸型进行浇注，加快排气速度和排气量，降低金属液和模样界面气压，加快流股前沿的推进速度，提高充型能力，有利于减少铸件表面炭黑缺陷；抑制白模材料的燃烧，促使其气化，改善环境，增加流股的流动性、成型性，使铸件轮廓更清晰、分明。

抽真空负压度的提高，可抑制白模的燃烧，促其裂解、分解、气化加速，改善环境，使白模热解产物在高温区停留的时间缩短，白模深度裂解的可能性减少。

通过抽真空系统真空泵的运转将铸造过程中大量含有白模材料分解、气化后的有机物通过集气缸（室、仓）进入尾气净化装置进行处理，汽水分离器去除水分，浓缩器对尾气进行浓缩后输入燃烧室，燃烧器向燃烧室喷焰，使尾气进行燃烧，生成 CO_2 和 H_2O 排入大气。

2）砂箱内真空度下降　浇注时，从真空表上显示的真空度并不表示砂箱内的实际真空度，下降的主要原因：

① 浇注时金属液流股溢出飞溅，将顶面的密封塑料薄膜烧熔穿，破坏了砂箱内密闭状态，浇注开始时，直浇道没有被流股封住，吸入的空气受热膨胀。

② 模样在流股的热冲击下突发大量的气体，透过涂层经干砂间隙从抽气室被真空泵吸山，需经过一段距离、时间，此时箱内的真空度下降到最低点。随后当砂箱复回到新的密封状态，真空度又慢慢上升，直至浇注完毕，基本上恢复初始的真空度。

③ 浇注过程中，比如对铸件真空度不低于 $0.015\sim0.02MPa$，最好控制在 $0.02MPa$ 以上，绝不允许出现正压状态，即控制阀门调节负压值，保持浇注过度中最低的真空度。要采用抽气量大的真空泵，以便满足浇注时产生气体的抽气量，它与真空度最相关密切，并使用大量的真空缸来保证真空度和抽气量的稳定平和自行调节。

3）停泵　停泵是指从浇注结束后撤除真空，关掉真空泵系统。当金属液流股流入砂型使白模气化分解，吸入热量待白模全部被流股充型而取代后，金属液在型腔中迅速降温冷却，散放热量。当铸件表面结壳达到一定厚度和强度时，就可以停泵释放真空，使铸件处于自由收缩状态下冷却，以减少铸造应力；而停泵过早过快，铸件表面仍处于红热塑性低强度阶段，容易引发胀砂变形，影响铸件尺寸精度；反之，停泵过晚太迟，在负压状态下的干砂铸犁强度比砂型高，铸件收缩受阻，增大铸造应力，引发热裂，甚至真空吸气过火局部吸冷了铸件，引发冷却不均匀而产生裂纹，特别对于中高碳钢铸件宛如"正火"，致使硬度不均。停泵时间可根据各厂具体情况，从实际出发加以调节控制。

4）水环真空泵的正确安装操作使用　水环式真空泵操作简便，但务必正确使用，以达到最佳的使用效果及长期稳定运行。

注意事项：①应水平安装在稳固基础上，进气口安装阀门、排气、排水口保持畅通，排气排水管路不宜高于出口 1.5m，不可多弯，头长距离形式连接排放，且管路不得小于泵口口径，以免增加管路阻力和影响浇注流动。②管路连接保证无泄露，否则影响抽气量及真空度稳定。③焊接管路时防止焊渣等固体颗粒进入泵内，初始使用前在进气口安装过滤网，并经 200h 以上的负荷工作运行后可根据实际情况拆除，以免造成叶轮损坏。④开车前应调整联轴器的同心度或皮带轮与泵带轴平行一致，松紧配合均匀，并点动观察保证电机转向正确。⑤打开供水阀门调节合适供水量，避免泵内满水启动。⑥启动真空泵，打开进气阀门即可进行抽真空正常使用。⑦停水前先关闭进气口阀门，停止工作液供应后即停泵。⑧冬季长时间停机时，应将泵内的水排空，防止冰冻造成意外。

5）真空泵在使用中常见问题的判断及排除（表 2-24）

表 2-24　真空泵在常见问题及排除

常见问题	原　　因	排　　除
抽气量不够	管路系统泄露	检查管路系统并更改
	供水量过大或过小	调节合适的供水量
	盘根密封使用老化	更换调节盘根密封
	水环温度高	增高供水量
真空度不稳定	进气阀门未打开	打开进气阀门
	管路系统泄露	检查管路系统并更改
	盘根密封使用老化	更换调整盘根密封
	水环温度高	减少供应量
电机过载	满水运转工作	减少供应量
	排气管路高或阻力大	按要求更改排气管路
泵启动困难	水质较硬、内部结水垢	清理水垢
	固体颗粒进入泵内	检查叶轮是否受损，清除杂质，安装过滤网
	长期停机后泵内生锈	用手或工具转动叶轮数次
	填料压得过紧	拧松填料压盖
振动或有响声	联轴器不同心或皮带轮不平行	重新调整联轴器、皮带轮
	满水启动	控制合适供水量
	泵内有异物研磨	停泵取清异物
	地脚螺栓松动	拧紧地脚螺栓
	气蚀	打开吸入管路阀门

（2）消火模铸造真空度与铸件质量的关系

1）塌箱　真空度引发，主要是因为砂箱内的真空度太低，波动、高低不均，真空度急剧下降等。

① 砂箱内振动紧实时开始真空度定得太低，尤其是深腔内由于白模晕壁的阻隔作用，其真空度更低。

② 浇注时金属液流股溢出飞溅，将顶面的密封塑料薄膜烧穿，破坏了箱内的密封状态，真空度急剧下降，甚至正压。

③ 浇注时没有将浇口杯直浇道密封住金属液，大量气体受热时膨胀，使真空度急速下降。

④ 浇注时白模受热瞬间气化，大量气体不能及时被真空抽走，使砂箱内真空度分布不均，真空度下降。

⑤ 抽真空能力不足，砂网眼被堵，管路受阻，真空泵水位不够，真空系统故障使抽气能力降低，真空度下降。

⑥ 选配干砂摩擦系数小，在同样的真空度达不到砂型紧实度、刚度和强度，真空度选用的太小。

⑦ 浇注位置不合理，大平面向上浇注时产生浮力过大，尤其是顶部干砂吃砂量小，负压度不够，高低不匀，造成型砂流动，压差大小程度引发塌箱程度各异。

总之，由于砂箱内真空度不足、不匀、波动，急剧地下降，造成压力差使干砂流动（或蠕动），引起塌箱。

2）真空度太小，引发铸件缺陷

① 皱皮。当模样和金属液流股接触时，分解为气态、液态、固态的成分：比如在铸铁的浇注温度的热量条件下，46％EPC白模分解达到气态和固态，54％EPC白模在浇注完成后才能达到完成分解，且在气化前，以液相的状态存在于铁液铸型的边界上，要使液态完全气化，须要有相当长的时间和足够的温度。这些液态 EPC 膜层，受自身表面张力而收缩，形成不连续条纹状，即为皱皮缺陷。同时当真空度太小，没能将 EPC 柏油状的液态通过涂料层间的缝隙而吸抽到型砂中，该抽而未抽，或不足以抽出，促使生成皱皮。

② 炭黑。铸铁件尤其是含碳量高的球墨铸铁件极易产生炭黑缺陷，产生皱皮的EPC柏油状液态膜，在真空度的作用下从涂料间隙吸抽到砂型中，没有被吸走的液态EPC产物在缺陷状态下又因高温金属液的灼热作用，产生焦化固态炭黑。真空度太小没有抽吸完其液态而焦化的碳粒，而又不能被抽到砂型中，故存在铸件尤其是球墨铸铁件表面而形成炭黑。如果焦化炭微粒进入铸件内部则大大地影响铸件力学性能甚至使铸件不合格而报废。

③ 黏结粘砂。由于EPC热分解为柏油状液态没有完全被分解为气体，尤

其是低温区、冷区流股的前端、顶端、底角；同时真空度太小又没有被抽吸掉，因此，该处冷却后，涂料渣同柏油、砂黏结在一起，此粘砂的黏结剂为柏油物理状态，不同于机械粘砂和化学粘砂，是 EPC 白模受热解后产物柏油而黏结粘砂。

④ 增碳。尤其是低中碳铸钢件，铸件表面与受流股热分解的 EPC 生成气相、液相、固相，其固相碳吸附在涂料层壁上和铸件接触造成渗碳、增碳，同时生产液相没有被吸抽走再冷却，受热灼烧而焦化、碳化，也使铸件表面增碳。

⑤ 气孔。铸件表面或截面上的空洞。EPC 白模受流股的热作用分解为固、液、气。大量气体没有被真空泵抽吸走，或真空度太小无力吸抽，致使气体滞留在铸件中生成气孔。

⑥ 浇不足，冷隔。EPC 白模受流股热冲击，分解物为固、液、气三相，并由于浇注系统设计流股不甚流畅，降温后流股流动性降低，同时真空泵的抽速太小或作用达不到流股前端，型腔中受气、液阻力造成浇不到、冷隔，对接不上。

3）真空度太大，引发铸件缺陷

① 白斑、白点和夹白（石英砂）。EPC 白模各黏结处，浇口杯与直浇道、横浇道、内浇道粘结处，内浇道与铸件，铸件与顶端冒口等这些黏结处黏结不牢。操作原因：黏结剂高温热强度差，在真空泵抽吸气强力太大的作用下，引起涂料层隙裂而落砂造成白斑、白点和夹白（石英砂）。砂粒落入较早的受铸件的灼热烘烤变成焙烧痕迹呈现粉白色或呈石英砂本色。

② 针刺、节瘤、结疤、粘砂。浇注温度较高，浇注速度较快，涂料热强度不足，再加上真空泵强力抽吸，因抽吸强度作用大小出现针刺、节瘤、结疤、粘砂。

针刺：铸件表面出现像米粒大小的鼓凸起伏。

节瘤、结疤：涂料层破裂后，金属液在真空度强力作用下穿透并渗漏出与型砂熔结一起形成节瘤、结疤。

粘砂：在真空泵强力抽吸下，金属液通过涂料层的裂纹、孔隙、孔洞渗透入干砂中，黏结在一起形成粘砂。粘砂有化学粘砂、机械粘砂（因金属液性质、涂料性质、干砂性质而产生不同程度的粘砂）。

总之，EPC 干砂造型真空泵的抽气大小、时间长短、开停等都密切关系着铸件的质量，实践中必须要系统地与整体浇注工艺协调一致，才能浇注出合格铸件。

（3）消失模铸造真空泵的选择

1）真空泵选用 EPC 真空抽气系统主要由真空泵、湿法除尘缸、气水分离器、截止阀、储气罐、管道系统等组成，而真空泵是整套系统中的主体关键设备。真空泵的选用对 EPC 工艺和铸件质量有着极大的影响。真空泵的选择原则：抽气量大、真空度保持稳定。选型则根据砂箱大小（箱内布置的 EPC 模样多少）和相应抽气大小。抽气量的计算包括：白模发气量、砂型间隙含气量、浇注时卷入气量等。一般中小厂通常采用 SK 系列水环式真空泵即可满足 EPC 要求，但随着铸造工艺及节能环保的要求不断提升，选用 2BE 系列（德国生产技术要求）水环式真空泵可使运行成本更低，且运行更稳定，维护更方便。

2）联合式真空泵稳压系统 适用于浇注大件和特大件。采用二套稳压系统并联，在浇注小件时可使用一条真空稳压系统，浇注大件时可预防一旦单泵出现故障使浇注停止造成严重损失或酿成事故，在生产线上采用联合真空稳压系统，根据生产节奏使用一套或二套系统同时或轮换操作，配合浇注。

采用联合式系统，生产车间首先采用一套真空泵系统，随着生产量增大，铸件增大，往往再加并一套；也有生产铸件品种单一，生产量较大，2、3 班生产，为了方便真空泵的检修而采用。因此，设计联合式真空泵组合二套系统，不仅保证生产稳定，也为生产大量大件做了后备。

总之。EPC 生产中，真空泵系统的选择、操作，造型、浇注、停泵时真空度操作控制等极大地影响铸件的质量。

2.3.5 旧砂处理及回用系统

砂子使用一段时间以后，开始使涂料屑和粉尘聚积多，应清理，通常采用过筛，水洗烘干最有效。干砂浇注后，再使用时温度必须降至 50℃ 以下，若过高会使泡沫模样软化变形。

干砂经过使用后，灼烧减量是干砂性能的一个重要参数。它的减量值反映了从泡沫模样热解残留物沉积在干砂上的有机物的数量。这种碳氢残余物的积累降低了干砂的流动性和透气性。尤其是干砂的灼烧量超过 0.25%～0.50% 时更为明显。为了能够测定灼烧减量的精确值，被测试的干砂应是单一筛子，因为有机物易集中于颗粒小的砂粒上。碳氢化合物在粒度较小的干砂上的积累很明显，见表 2-25。这些细小颗粒必须清除，以减少它的危害。

表 2-25　930℃对 EPC 生产中旧砂中的灼烧减量

筛　号	灼烧减量/%	筛　号	灼烧减量/%
−16　+20	0.97	−70　+140	0.46
−20　+30	0.56	−140　+200	1.47
−30　+40	0.24	−200　+270	2.40
−40　+50	0.29	−270　+PaN	2.54
−50　+70	0.37		

砂处理系统的主要作用：

① 把上 100℃的砂降温到 50℃以下。

② 除去砂中涂料带入的灰尘。

③ 供连续装箱使用的砂子。

④ 磁选混入砂中金属物等。

砂处理系统包括的主要设备：落砂装置、振动输送床、斗式提升机、砂塔（储砂斗）、输送床、冷却床、斗提机、螺旋给料器、雨淋式加砂器等。

从漏砂器中漏下的砂子通过振动输送机，砂子在冷却床上运转就像水流一样，一边向前流一边冷却。砂子被运输到 1 号提升机的进砂处。1 号提升机把砂子提到储砂塔中供水冷却床再次冷却砂子。水冷却床中布满了水管，底部采用风机吹动砂子快速散热，冷床顶端装有除尘管路随时把风尘抽走，使处理后的砂子得到净化。净化后的砂子被 2 号提升机提到供砂塔中供装箱造型用。

2 号提升机把处理好的砂子送到分配机上，分配机把砂子运送到供砂斗，供砂斗采用雨淋式加砂至砂箱中进行装箱造型。装好后通过轨道运到浇注工位浇注。

浇注后的砂箱运转的途中进行冷却，待运到翻箱处，铸件已冷却到可以翻箱时就到翻箱工位进行翻箱取出铸件，砂子漏到砂处理处进行处理，再进行下一循环生产。

螺旋加砂方式通常用于生产量不多的情况，振动台可以不直接放在它的下面亦可以加砂。在生产线上往往采用雨淋式加砂。

目前 EPC 砂处理生产线有两大类，一类是采用水平式冷却处理高温砂子，二是立式冷却砂子，其方式有一冷一提（一次冷却一次提升）；双冷三提（两次冷却、三次提升）；三冷四提（三次冷却、四次提升）等。采取哪种类型和方式可根据日产量的大小而定，沈阳中世电器设备厂已在全国供应各种冷却方式的生产线全套 EPC 设备，在生产中应用良好。

2.4 消失模铸造工艺

2.4.1 消失模铸造工艺方案的确定

消失模铸造工艺方案包括造型材料、造型方法的选择和消失模铸造浇注位置的确定。要想确定出最佳的消失模铸造工艺方案，首先应对零件的结构有详细的工艺性分析。

2.4.1.1 消失模铸造工艺方案制定原则

① 保证铸件质量：根据消失模铸造工艺过程及特点，工艺方案应首先保证铸件成型并最大限度地减少各种铸造缺陷，保证铸件质量。

② 考虑经济效益：工艺设计应考虑提高工艺出品率，模样如何组合实现合理的批量铸造，以期提高生产率，降低成本。

③ 要考虑便于工人操作，减轻劳动强度和环保。

2.4.1.2 消失模铸造工艺设计主要内容

（1）绘制铸件图和模样图

根据产品图样、材质特点和零件的结构工艺性确定以下工艺参数：

① 零件机加工部位的余量。

② 不能直接铸出的孔、台等部位。

③ 合金收缩和 EPS 模样收缩值。

④ 模样脱模斜度。

（2）设计消失模铸造工艺方案

① EPS 模样在铸型中的位置。

② 确定浇注金属引入铸型的方式。

③ 一箱浇注铸件数量及布置。

（3）消失模铸造浇注系统的结构和尺寸设计。

（4）确定浇注规范

包括浇注温度、浇注时的负压大小和负压维持时间。

（5）干砂充填紧实工艺

其他一些工艺因素，如干砂的要求，涂料及烘干，振动造型参数等通用性较大，不必每个件都单独设计（特殊铸件需单独考虑）。

2.4.1.3　铸件结构的工艺性

零件结构的铸造工艺性是指零件的结构应符合消失模铸造生产的要求，易于保证铸件品质，简化铸造工艺过程和降低成本。

对产品零件进行工艺审查、分析有两方面的作用：一是审查零件结构是否符合消失模铸造工艺的要求；二是在既定的零件结构条件下，考虑铸造过程中可能出现的主要缺陷，在工艺设计中采取措施予以防止。

由于消失模铸造的工艺特点，对设计铸件结构的自由度较大，没有砂型铸造传统工艺那样严格、受到较多的限制。消失模铸造虽然简化了造型工艺，但增加了大量其他工艺要求，如铸件结构的工艺性、模样制作方法、造型技术、浇注系统的设计和浇注技术等，都存在自己的特殊问题。

影响消失模铸件结构工艺性的关键因素有铸件结构的可填充性、铸件结构的抗变形性和铸件结构的可铸造性等。

（1）铸件结构的可填充性

是指造型材料在震动紧实过程中填充到泡沫塑料模样周围死角部位的能力。即能否将松散流动的造型材料顺利地填满模样四周和内部的空腔，确保不出现填充不到的死角。如果有无法使造型材料填入的型腔，就必须考虑留有合适的工艺孔及预先充填自硬砂。

（2）铸件结构的抗变形性

泡沫塑料模样在加工制作、挂涂料、搬运、造型、振实、抽真空过程中，保持形状尺寸稳定的能力，称为铸件结构的抗变形性。

防止模样变形，不能仅仅依靠用抗弯强度高的聚苯乙烯泡沫塑料来制作气化模，提高铸件本身结构的抗变形能力也是十分必要的。因此，铸件结构应该尽可能紧凑、刚性好，避免用消失模铸造来生产长条形、薄壁大平面、悬臂梁、框架以及"Ⅱ"字样结构的铸件等，如果必须生产，则应增设一些临时工艺补偿结构，如工艺补肋、工艺拉肋、工艺支撑或工艺法兰等，浇注后再把它们去除。还可根据模样结构制作金属框架，将模样放置框架之上一同埋箱，浇注后倒箱取出反复用。

（3）液态金属的凝固原则

同其他铸造方法一样，铸件结构应尽量遵循同时凝固和顺序凝固的原则。

合理设计铸件结构，对于获得无节瘤、无变形、无内部缺陷的铸件是十分重要。同时也必须注意，在考虑铸件结构的工艺性时，其可填充性、抗变形性和可铸造性等应综合起来分析，特别是可填充性与铸造性之间更是如此。因此，一般有以下原则可供参考：

① 铸件壁厚要尽量均匀，厚薄相差大的部位应有一定过渡区段。

② 尽量减少较深、较细的盲孔。

③ 铸件结构有利于顺序凝固，成均衡化凝固。

④ 细、长件和大平板应设加强肋，防止翘曲变形。

⑤ 转角处应有圆滑过渡，要有一定大小的铸造圆角。

2.4.1.4 EPC 工艺参数选择

（1）可铸的最小壁厚和可铸孔径

由于消失模工艺特点，可铸最小壁厚和孔径、凸台、凹坑等细小部位的可能性大大提高。消失模铸造可铸孔比传统砂型铸造小，孔间距离的尺寸十分容易保证，因此用消失模工艺生产的铸件大部分孔都可铸出，主要的限制是模具设计的可能性和合理性。可铸的凸台、凹坑及其他细小部分更不受限制，由于模样的涂层不影响铸件的轮廓和尺寸，再加之复印性好，所以只要能做出模样就能铸出铸件。

最小壁厚主要受 EPS 模样的限制，在生产中模样要求保证断面上至少要容纳三颗珠粒，这就要求断面厚度大于 3mm，实际不同铸造合金在生产中均有一适宜最小壁厚和可铸最小孔径的限制，设计中可参考表 2-26 选取。这方面的数据可供参考并有待生产经验的进一步积累。

表 2-26　铸件最小壁厚和最小孔径

铸件合金种类	铸铝	铸铁	铸钢
可铸最小壁厚/mm	2～3	4～5	5～6
可铸最小孔径/mm	4～6	8～10	10～12

（2）消失模铸造收缩率

设计模具型腔尺寸时要考虑双重收缩，即金属合金的收缩和模样材料的收缩。

模样材料收缩，采用 EPS 时推荐收缩率为 0.5%～0.7%，采用共聚树脂 EPS/EPMMA 时，推为 0.2%～0.4%。金属合金的收缩与传统砂型工艺相近，可参考表 2-27 所列数据。

表 2-27　铸件收缩率

铸件合金种类		铸铝	灰铸铁	球墨铸铁	铸钢
线收缩率 /%	自由收缩	1.8～2.0	0.9～1.2	1.2～1.5	1.8～2.0
	受阻收缩	1.6～1.9	0.6～1.0	0.8～1.2	1.6～1.8

设计时消失模铸造模样尺寸（$L_{模样}$）可按下式计算

$$L_{模样}=L_{铸件}+K_1 L_{铸件}$$

式中　K_1——铸件收缩率，可查表 2-27。

　　　$L_{铸件}$——铸件尺寸。

设计模具型腔相应尺寸（$L_{模具}$）则可按下式计算：

$$L_{模具}=L_{铸件}+K_2 L_{铸件}\approx L_{铸件}+(K_1+K_2)L_{铸件}=L_{铸件}(1+K_1+K_2)$$

式中　K_2——模样材料收缩率。

当铸件尺寸很小时，也可以忽略不计收缩值。

（3）机械加工余量

消失模铸造尺寸精度高，铸件尺寸重复性好，因此加工量比砂型工艺要小，比失蜡模精铸略高，表 2-28 列出部分数据可供参考。铸件尺寸公差也介于普通砂型和失蜡精铸之间，表 2-29 列出数据可供参考。

表 2-28　机械加工余量　　　　　　　　　单位：mm

铸件最大外轮廓尺寸		铸铝件	铸铁件	铸钢件
<50	顶面	1.5	2.5	3
	侧、下面	1.0	2	2.5
50~100	顶面	1.5	3	3.5
	侧、下面	1.0	2.5	3
100~200	顶面	2	3.5	4
	侧、下面	1.5	3	3
200~300	顶面	2.5	4	4.5
	侧、下面	2	3.5	3.5
300~500	顶面	3.5	5	5
	侧、下面	3	4	4
>500	顶面	4.5	6	6
	侧、下面	4	5	5

表 2-29　铸件尺寸基本公差　　　　　　　　单位：mm

铸件基本尺寸	≤10	10~40	40~100	100~250	250~400
铸件基本公差	≤0.05	≤0.06	≤0.1	≤0.13	≤0.15

（4）消失模铸造脱模斜度

消失模工艺的突出优点是干砂造型，无需起模、下芯、合箱等工序，不需设计脱模斜度，但在制作 EPS 模样过程中，模具与模样间起模时有一定的摩擦阻力，在模具设计时可考虑 0.5°脱模斜度。因为 EPS 模样有一定弹性，对于小尺寸也可以不考虑斜度。

2.4.1.5 浇注工艺（浇注温度、浇注速度、浇注方式、真空度、停泵）

（1）浇注温度的确定

由于模样气化是吸热反应，需要消耗液体金属的热量，浇注温度应高一些，负压下浇注，充型能力大为提高，从顺利排除 EPS 固、液相产物角度考虑，也要求温度高一些，特别是球铁件为减少残碳、皱皮等缺陷，温度偏高些对质量有利。一般推荐 EPC 工艺浇注温度比普通砂型铸造高 30～50℃，对铸铁件，最后浇注的铸件应高于 1360℃，推荐的浇注温度范围，见表 2-30。

表 2-30　采用消失模铸造工艺时合金浇注温度

合金种类	铸 钢	球 铁	灰 铁	铝合金	铜合金
浇注温度/℃	1450～1700	1380～1450	1360～1420	700～750	1200～1500

（2）负压的范围和时间的确定

① 负压的作用

a. 紧实干砂，防止冲砂和塌箱、型壁移动（尤其球铁更为重要）。

b. 加快排气速度和排气量，降低界面气压，加快金属前沿推进速度提高充型能力，有利于减少铸件表面缺陷。

c. 提高复印性，铸件轮廓更清晰。

d. 密封下浇注，改善环境。

② 负压大小范围。根据合金种类，选定负压范围，见表 2-31。

表 2-31　不同合金种类的负压范围

合金种类	铸 铝	铸 铁	铸 钢
负压范围/mmHg	50～100	300～400	400～500

注：1mmHg=133.322Pa。

铸件凝固形成外壳足以保持铸件时即可停止抽气，根据壁厚定，一般 5min 左右，为加快凝固冷却速度也可延长负压作用时间。铸件较小负压可选低些，重量大或一箱多铸可选高一些，顶注可选高一些，壁厚或瞬时发气量大也可选略高一些。浇注过程中，负压会发生变化，开始浇注后负压降低，达到最低值后，又开始回升，最后恢复到初始值，浇注过程负压下降最低点不应低于（铸铁件）100～200mmHg，生产上最好控制在 200mmHg 以上，不允许出现正压状态，可通过阀门调节负压，保持在最低限以上。

（3）浇注操作

EPC 工艺中浇注时多使用较大的浇口杯防止浇注过程中出现断流而使铸型崩散，达到快速稳定浇注并保持静压头。浇口杯多采用型砂制造，生产常采用过滤网。它有助于防止浇注时直浇道的损坏并起滤渣的作用。

消失模铸件在模样后退允许情况下，一般应尽快浇注。采用自动浇注机有利于稳定浇注速度，并能够在浇注时快速调整。手工浇注不便控制，废品率比自动浇注时的要高一些。

2.4.2　消失模铸造浇注系统

2.4.2.1　浇注位置的确定

确定浇注位置应考虑以下原则：

① 尽量立浇、斜浇，避免大平面向上浇注，以保证金属有一定上升速度。

② 浇注位置应使金属与模样热解速度相同，防止浇注速度慢或出现断流现象，引起塌箱紊流缺陷。

③ 模样在砂箱中的位置应有利于干砂充填，尽量避免水平面和水平向下的盲孔。

④ 重要加工面处在下面或侧面，顶面最好是非加工面。

⑤ 浇注位置还应有利于多层铸件的排列，在涂料和干砂充填紧实的过程方便支撑和搬运，使模样某些部位可能加固，防止变形。

2.4.2.2　浇注方式的确定

（1）浇注系统

浇注系统按金属液引入型腔的位置分为顶注、侧注、底注或几种方式综合使用。

① 顶注：顶注充型所需时间最短，浇速快，利于防止塌箱；温度降低少，有利于防止浇不足和冷隔缺陷；工艺出品率高，顺序凝固补缩效果好；可以消除铸铁件碳缺陷，但因难控制金属液流，容易使 EPS 热解残留物卷入，增碳倾向降低。由于铝合金浇注时模样分解速度慢，型腔保持充满，可避免塌箱，一般薄壁件多采用顶注。

② 侧注：液体金属从模型中间引入，一般在铸件最大投影面积部位引入，

可缩短内浇道的距离。采用顶注和侧注生产的铸件，铸件上表面出现碳缺陷的概率低，但卷入铸件内部碳缺陷常常出现。

③ 底注：从底部模型引入金属液，上升平稳，充型速度慢，铸件上表面容易出现碳缺陷，尤其厚大件更为严重。因此应将厚大平面置于垂直方向而非水平方向。底注工艺最有利于金属充型，金属液前沿的分解产物在界面空隙中排出的同时，又能够支撑干砂型壁。一般厚大件应采取底注方式。

④ 阶梯式注入：分两层或多层引入金属时采用中空直浇道，像传统空型砂铸工艺一样，底层内浇道引入金属最多，上层内浇道也同时进入金属液。但是如果采用实心直浇道时，大部分金属从最上层内浇道引入金属，多层内浇道作用减弱。阶梯浇道引入容易引起冷隔缺陷，一般在高大铸件时采用。

上述浇注方式，在一定条件下都能生产出合格的铸件。

（2）浇道比例和引入位置

采用的浇注系统原则如下。

① 引入液体金属流，应使充型过程连续不断供应金属不断流，液体金属必须支撑干砂型壁，采用封闭式浇注系统最为有利，即内浇道断面最小，如内浇道：直浇道＝1：（1.2～1.4）。

② 浇注系统的形式与传统工艺不同，不考虑复杂结构形式（如常用的离心式、阻流式、牛角式等，尽量减少浇注系统组成，常没有横浇道，只有直浇道和内浇道以缩短金属流动的距离，形状简单，方形、长方形为主）。

③ 直浇道与铸件间距离（即内浇道长度）应保证充型过程不因温度升高而使模样变形。

④ 金属压头，应超过金属 EPS 界面气体压力，以防呛火。呛火是液体金属从直浇道反喷出来，中空直浇道和底注有利于避免反喷（同样适用于铸铝件）。高的直浇道（压头高）容易成型良好的铸件和保证浇注时的安全（对 EPS/EPMMA 共聚树脂模样更为突出）。

（3）消失模铸造浇注系统

它是将合金液直接引入铸型型腔，其进入的合金液速度、温度（温度高低，热场分布），渣、气的排除等直接影响着铸件质量，故消失模铸造浇注系统的设计除遵循砂型铸造和熔模精密铸造的原则外，还需再考虑以下因素。

① 热量。砂型内的白模浇注系统（直、横、内浇道）和连接铸件，必须熔解、裂解、分解、气化掉，其整个空位让合金液注入。一般合金液的浇注温

度比砂型铸造提高 30～50℃，薄壁件至 80℃，使其提高温度，有足够的热量来熔化掉所有白模。以提高 50℃浇注温度 1500℃高锰钢液浇注筛板为例。顶注（直、横、内浇道合一），如喉管浇口杯下接直、横、内浇道，浇道偏大、偏多，则进入型腔的钢液温度过高、过快，使腔内过热，产生的缺陷有：粘砂、化学粘砂、涂层开裂、剥落造成胀砂、结疤、鼓凸、多肉等，塌砂、腔内钢液进入过快、过猛、冲击力过大，温度又过高，使局部砂型溃崩、塌散，使铸件报废；同样的过热浇注温度，采用底注，直、横、内浇道截面过小、偏少，使钢液进内腔时速度变缓变慢，时间又过长，促使温度降低过甚，以致局部地方白模完全干净熔化，产生的缺陷：皱皮、积磷、里皮、粘砂，钢液、砂、白模分解残余液、光亮碳和焦油，粘接在一起，难以清理，浇不到、缺肉、重皮、夹渣、夹杂、夹气等。所以必须考虑对铸件相适应的浇注系统，直、横、内截面积，以控制进入型腔的适当的速度、温度和热场的分布，才能获得合格铸件。

② 渣、杂的排除。白模受合金液提供热量后热解形成一次气相、液相和固相。气相主要由 CO、CO_2、H_2、CH_4 和分子量较小的苯乙烯以及它们的衍生物组成；液相由苯、甲苯、乙烯和玻璃态聚苯乙烯等液态烃基组成；固相由聚苯乙烯形成的光亮碳和焦油状残留物组成。其光亮碳、气相、液相形成熔胶黏着状；液相二次分解形成二次气相和固相，液态中二聚物、三聚物及再聚物，会出现黏稠的沥青状黏液态，这些物质在整个浇注系统流动过程中，会随着合金液进入型腔而形成夹渣、夹杂。因此在进入内浇道前设法使直、横、内浇道中端头或两端留有集渣坑（包），以利于集中，因此内浇道截面能扼制流速、流量，使渣挡在横浇道两端浮集；进入型腔的合金液温度具有一定流动性，以便让渣上浮，同时留出一定时间使渣能浮至液面；内浇口截面的大小、分布、角度，使进入型腔的合金液不产生紊流，不利于浮渣，而要平静和稳定的上升，利于浮出渣，最后将这些渣纳入冒口或设置集渣包中，所以浇注系统设计时必须考虑排渣等工艺措施。

③ 排气。白模在高温合金液的作用下进而热解反应，尤其 1350～1550℃急剧裂解，析出 H_2 可达 48%。聚苯乙烯热解时析出气体（C_nH_{2n}、H_2、CH_4等）。800℃时 165～175cm^3/g，1000℃时 500～518cm^3/g，1200℃时 738～689cm^3/g，不同合金浇注温度下的 EPS 发气量：锌合金 450℃时，25cm^3/g；银合金 750℃ 时，40cm^3/g；铸铁 1300℃时，300cm^3/g；铸钢 1550℃时，500～600cm^3/g。白模在浇注系统和模型中的量（大小、结构、形状、重量及布置）起着决定性作用，加上浇注温度、浇注速度，直接影响发气量，由于发

气量在不同温度区间是不一样的，首先控制好在浇注过程中的白模发气量，浇注温度过高、速度又快，尤其是直浇道短粗，极易发生气体爆发，再加上真空泵吸气偏小，造成反喷，危及安全，设计控制白模量（密度、大小），使发气平稳有序；在平稳有序的浇注下，白模产生气体和砂型中出来气体和合金液析出气体，及时由真空泵吸出或通过浇注系统的冒口（出气冒口）、集渣冒口逸出。必须协调好真空泵从砂箱中的上、中、下、底部吸气方向，和热气上升的规律，使气体吸排干净，否则，砂箱底下吸气，真空泵吸气偏小，同时产生的气体并不少，这样就出现铸件某处断面，热气上升，吸气向下，二者相持而产生大量气孔。

④ 型腔温度场。浇注系统尤其是内浇道的断面积大小、分布、多少，内浇道进合金液方向，位置侧面四壁内浇口，都直接影响着型腔内温度场的分布均衡，对于要求均衡化凝固的铸件，如低牌号铸铁、球墨铸铁和小中件锰钢（无特别力学性能要求），其内浇口务必在铸件的壁薄处均布进入（铸件重量大小、壁厚结构差异、尺寸、体积等情况，使整个型腔合金液的温度场分布，左右、前后、上下均衡），便于同时结晶凝固（时间不拉长）；对于要求顺序凝固的铸件，如碳钢、低合金钢、中大高锰钢、中大铸铁球铁件等，内浇口的选择要由顶注或底注引入，再设中、上的阶梯浇注横、内浇口引入。这样使型腔的合金液下面温度低、上面温度高，有冒口处温度最高，便于顺序凝固和补缩；也可设置铸件型腔中一侧内浇口引入，分布时使一端（断面大小、多少）温度低，另外一端温度高，再在高温时设置集渣包、出气冒口，以便顺序凝固，高温端向低温端铸件补缩。

总之，内浇口设置是决定型腔温度场的关键，要获得合格铸件，必须遵循合金的凝固特征。

⑤ 消失模铸造浇注系统各单位截面积。按铸件的结构、形状、大小、壁厚、尺寸、重量等初步确定其结构形式，一般按照普通砂型铸造确定各单位截面积的比例和具体尺寸，各单位的截面积在一个较大范围变化，均可获得优质铸件。内浇道尺寸大小的设计计算，首先确定内浇道（最小断面尺寸），再按一定比例确定直浇道和横浇道。计算方法有两种：

第一种，经验法，传统砂型工艺，经查表或经验公式计算后得到 $\sum F_内$（内浇道截面积），一般再增加 $10\% \sim 25\%$ 即可，试后及时调整。

第二种，理论法，以水力学计算公式 $\sum F_内 = G / \mu_t 0.31 \sqrt{H_p}$ 计算。G 为流经内浇道的液体重（kg），即铸件重＋浇注系统重；μ 为流量系数；可参考传统工艺查表，一般可按阻力偏小来取（如 0.3～0.4）；H_p 为压头高度，根据模样在砂箱中位置确定。t 为浇注时间。按 $t=K_1$（中小件用公式，K_1 为修正系数，有负压时，$K_1<1$，一般为 0.85 左右）。

采用封闭式，铸钢件：$F_内$：$F_横$：$F_直$＝1：1.1：1.2，铸铁件：$F_内$：$F_横$：$F_直$＝1：1.2：1.4。

采用开放式，$F_内$：$F_横$：$F_直$＝1：（1.1～1.3）：（1.2～1.5）。

其内浇口的大小、尺寸、形状、方向（角度），直接影响白模熔化、型腔合金液进入速度、温度（热场）、流股动向，如果套用砂型铸造中的三角浇口或薄片浇口、搭边浇口，其合金液容量少，散热周边面积多，会急剧降低进入型腔的合金液温度，等于设置了卡脖子冷区，影响白模熔化，宜用变截面式的内浇口，与白模（铸铁的模样）连接处，内浇口截面厚度应小于铸件壁厚的 1/2，最多不能超过 2/3，太厚形成小热节会产生倒补缩，使铸件的内浇口根部（接合处）产生缩孔、缩松甚至小渣、气孔。内浇道长度应尽可能短，太长了易损失合金流热量，还易在其中形成小死角区，影响流股，一般据铸件大小取 20～80mm。计算结果是一个参考值，通过浇注试验调整，有把握后可和模样联在一起发泡成型是有利的。

⑥ 耐火材料空心管直浇道：当铸件较大较高，选定的直浇道直径＞ϕ60，又较长（高）＞1.5m 时，采用空心白模直浇道，采用耐火材料空心管（常用陶瓷耐火管）更具有其优势。

耐火材料空心管直浇道具有如下优势。

a. 浇注温度降低慢，保持合金液进入型腔温度，其保温性能好，减少了合金液流股向干砂传热，相对地提高或保持了浇注温度，使金属液快速平稳充型。

b. 避免反喷。大型铸件、组串、组模的中小件，直浇道截面大，又高（长），尤其在一定温度区间发气量大，往往产生反喷。

c. 克服掉砂。浇口杯下直浇道口上端、直浇道与横浇道连接处，均无白模，故不会引发掉砂、落砂、冲砂而出现白斑（点，即 SiO_2）的干砂进入铸件。

d. 消除黑点。使合金液保持了减少损失热量，更有利于型腔内白模气化、裂解、液化、稀化，而逸出涂料层外，从而避免了因热量不足剩余的碳氢化合物残留在铸件内而成"黑点"（焦炭点），甚至积碳、皱皮。

e. 防止夹砂。没有了白模直浇道或白模空心直浇道，引发冲砂、落砂、掉砂而产生夹砂，如果底部嵌入耐火陶瓷过滤网一片，将渣、杂堵在型腔外，防止了夹砂（渣、杂）。

f. 有利于型腔内热场，型腔内合金液温度相对提高，有充分时间给予凝固，利于顺序凝固设置补缩；均衡化凝固热场均布，也有利于浮渣、浮杂。

g. 减少废品。克服了消失模铸造常见的一些缺陷，黑点、积碳、皱皮（尤其薄壁球墨铸铁件），白点、白斑、夹砂、夹渣（杂）等引发废品，提高了经济效益，且耐火陶瓷管价格也不贵。

耐火材料空心管直浇道空心管种类供应灵活，耐火材料陶瓷管生产厂家，有现存常备产品供选择；也可以根据消失模铸造厂家对浇注系统设定而专制，如圆形、方形、异形的直浇道，浇口杯下端均可定制配合紧密无缝接口，一般常用直浇道、横浇道、内浇道，均以方形、长方形为主，便于白模板材的切割而成。多见的浇口杯和空心直浇道为一整体。

耐火材料空心管直浇道粘接（装配）方式有如下 4 种。

a. 插入（嵌入）：将漏斗型空心管下端插入长度（深度）横浇道内，将其挖去 1/3 白模，使陶瓷空心管放置在横浇道坑（圆方）内，斗端底面和插入外壁涂上黏结剂，使二者粘接为一体。

b. 套入：空心管内径恰为白模直浇道外径，可略大一些，泡沫可压缩，套入段不上涂料。

c. 黏胶粘接：空心管端面、白模直浇道端面均为平面，二端面外廓尺寸应一样大小、用黏结剂粘牢，后包玻璃布，胶带纸缠紧。

d. 粘接加耐火泥条：浇口杯和空心管端口均为平面，则将直浇道露出砂箱顶面 3～5mm，砂箱盖上塑料薄膜后，周边放一圈耐火泥条，上面放浇口杯在接面处用耐火泥条合接（如合箱封条泥），也可将浇口杯底面和直浇道空心管顶面用黏结剂粘牢，外圈耐火泥浆涂刷封，其他粘接可变通而定。

浇注系统还要考虑生产成本，即铸件的出品率，以较少的浇注系统重量能获得合格铸件，同时注意在实践中适时调整，才能获得较佳铸件。

2.4.3　冒口及保温发热冒口

浇入铸型的液态金属，由于液态和凝固时的体积收缩，往往会在铸件的厚实部位（最后热区）中心产生集中性的缩孔，或在铸件不易散热的其他部位产生分散性的缩松，严重降低了铸件的力学强度和使用性能。为了防止因凝固收缩引起的缺陷，有一部分液态金属能给予及时补充的设置称为冒口。冒口设置除了起补缩，获得组织致密铸件的常规作用外，还要有提高铸件最后填充部分合金液的温度和集渣的作用，起着补缩和集渣的作用的冒口又称集渣冒口。

2.4.3.1　消失模铸造冒口设置原则

① 冒口的位置要设置正确，应放在可能产生缩孔或缩松的热节处或壁厚部位，以便凝固时提供补缩。

② 在合金液最后充型的部位：即可逸气、集渣，在整个凝固期间，冒口应有充足的液态金属以补给铸件的收缩，可起到提高此处合金液温度的效果；冒口的液态金属必须有足够的补缩压力和补缩通道，以使金属液能顺利地流到需补给的地方。

③ 白模死角区设置冒口，以便集渣，同时避免该处产生气垫作用而造成铸件缺肉、轮廓不清晰。

④ 冒口应有正确形状，使冒口所消耗的金属量最少。

2.4.3.2　冒口的作用

冒口除了补缩铸件、防止缩孔和缩松之外还应有其他作用：

① 明冒口具有出气孔的作用，在浇注过程中金属液逐渐充满型腔，型腔内的气可以通过冒口逸出。

② 用来调节铸件各部分的冷却速度，在设置内浇道位置时应着重考虑凝固顺序，对形状复杂而壁厚不均匀的铸件，单靠浇道来调节热场是不够的，尚需冷铁与冒口来配合。

③ 明冒口可作为浇满铸型的标记，为了保持冒口处的最后凝固，也可在该冒口处补注高温度液态金属。

④ 有聚集浮渣的作用，由于熔渣及浮砂、夹杂等密度小于液态金属，有可能上浮到冒口，从而避免造成渣孔、砂孔和夹砂夹渣等缺陷。

2.4.3.3　冒口的种类和形状

（1）普通冒口

普通冒口按在铸件上的位置分为：顶冒口、边冒口（侧冒口）、压边冒口；按与大气相通程度分为：明冒口、暗冒口。

（2）特种冒口

① 按加压方式分为：大气压力冒口、压缩空气冒口、气弹冒口。

② 按加热方式分为：发热冒口、加氧冒口、电弧加热冒口、煤气加热冒口。

③ 按切割方式分为：易割冒口。

（3）冒口的形状

圆形、腰圆形用于明冒口；球形常用于暗冒口；压边冒口又称压边浇口，常用圆柱形。

2.4.3.4 冒口计算及放置

确定冒口尺寸的方法如下。

① 比例法：是根据铸件热节处的内切圆直径，按比例确定冒口各部分的尺寸，比较简单而又应用广泛。

② 模数法：是根据铸件被补缩部分的模数和冒口补缩范围内铸件的凝固收缩量，两个条件确定冒口的尺寸，计算比较繁杂但比较贴近实际，适用于要求致密高的铸件，冒口模数（M_n）应略大于铸件模数（M_y）。

③ 补偿液量法：先假定铸件的凝固速度和冒口的凝固速度相同，冒口内供补缩的金属液是直径为 d_0 的球，当铸件凝固完毕时，d_0 为冒口直径（$D_冒$）和铸件厚度（δ）的差（即 $d_0 = D_冒 - \delta$）；另外，直径为 d_0 的球体积应该与铸件被补缩部分总的体积收缩值相等（即，体积收缩率），只要算出铸件被补缩部分的体积（$V_件$），即为补缩球的直径，后用公式：$D_冒 = d_0 + \delta$ 求出冒口直径，冒口高度取 $H_冒 = (1.15 \sim 1.8)D_冒$，使冒口起到可靠补缩的作用。

2.4.3.5 冒口的安放位置

① 冒口放置的位置应考虑合金的凝固特性，如体收缩较大的铸钢、可锻铸钢和非铁合金等铸件采用顺序凝固的原则，冒口应放置在铸件最后凝固的地方。灰铸铁和球墨铸铁件在凝固时有收缩和石墨析出的膨胀，冒口不应放置在铸件的热节上，以免增加几何热节，反而会引起缩孔、缩松。放在靠近热节处，有利于浇注初始阶段的外补缩；对于体收缩不大线收缩较大的高锰钢铸件可以考虑顺序凝固，也可以考虑均衡化凝固。这要由该铸件的使用要求来决定，如大件用于抗磨件，这样放置冒口和不放置冒口，二者使用寿命长短就不同，放置冒口铸件比没有放置冒口铸件使用时间要延长 5%～15%。

② 冒口位置尽量放在铸件最高、靠近最厚的部位。以便利用金属液的自重进行补缩，最好在低处铺放冷铁，加速该处凝固，更能充分利用冒口中金属液的自重或大气压力作用，不断地向下面厚实部位补缩。

③ 铸件的不同高度上需要补缩时，可按不同水平面放置冒口，但不同高

度上冒口补缩压力是不同的、不均衡的，应采用冷铁将各个冒口补缩范围隔开，否则，高处的冒口不但要补缩低处铸件，而且还要补缩低处的冒口，反而使铸件在高处产生缩孔或缩松等缺陷。

④ 铸件的厚实部位是与较薄的部位相连接的，那么每个厚实部位都必须设置冒口，如齿轮坯，其轮缘和轮壳壁往往比较厚，而连接的轮辐壁往往比较薄，所以在轮缘和轮壳壁交界处和轮壳上需分别设置冒口。冒口的大小、个数、分布由具体的齿轮坯而决定。

⑤ 冒口应不阻碍铸件的收缩，冒口不应放置在铸件应力集中处，以免引发裂纹；不能放置在铸件重要部位或受力较大的地方，以免促进组织粗大、降低强度；冒口尽量放置在加工面，以减少非加工面清理量。

⑥ 对致密性要求高的铸件，冒口应按其补缩有效距离进行设置，最好配设冷铁，使补缩区域范围划定，达到冒口的有效作用。

⑦ 尽可能用一个冒口同时补缩一个铸件的几个热节、或者几个铸件的热节，这样既节约冒口金属量，又可有效地利用模板面积。

⑧ 为了加强铸件的顺序凝固，应尽可能使内浇道靠近冒口或通过冒口，尤其是对扁平、板、短柱一类铸件采用搭边冒口时效果更佳。

2.4.3.6　保温发热冒口

保温发热冒口其实是目前铸造生产中大量使用的保温冒口套。发热保温冒口套是在普通保温冒口套控制热损失、强化补缩的基础上，通过增加发热反应源提供热量，以进一步提高保温冒口套补缩效率，迅速发展起来，以更好地提高冒口金属液利用率和铸件工艺出品率。

（1）保温冒口

① 保温材料：膨胀珍珠岩、漂珠、火山石、蛭石、低碳石墨、稻壳和稻壳灰。

② 保温冒口：将空心微珠（漂珠）、空心微珠-膨胀珍珠岩，以及由无机耐火纤维、有机耐火纤维、耐火骨料黏结剂、糊精、水玻璃、树脂等黏结剂，根据本地材料或合金特性及铸造需要，设置冒口（形状、大小、壁厚），像混制型芯一样，制作保温冒口。

③ 使用时注意问题：当金属液进入型腔时高温气流冲刷使保温冒口物质分解剥蚀，物质回落入金属液中，随金属液流至铸件的某些部位而形成夹杂甚至气孔，因此在铸件工艺设计时应尽可能避免浇注系统的液流直接冲击保温冒口套。对保温暗冒口加强排气措施，减轻流股气流、热辐射对保温冒口套的

浸蚀、热击；对浇注速度较慢，所需浇注时间较长的铸件可采用在保温冒套与流股接触表面刷涂涂料以防保温冒口套表面物质剥落。

(2) 保温发热冒口

① 发热材料：铝粉、硅粉、镁渣粉、烟道灰（粉煤灰）、木炭、稻壳、糊精（马铃薯粉或玉米粉与稀盐酸或硝酸混合热制而成，它是淀粉分解生成的复杂碳水化合物，有黄色和白色两种。黄糊精在水中溶解度大，比强度为 $4kg/cm^2$，溶解度为 1％；白糊精在水中溶解度小，比强度为 $3kg/cm^2$，溶解度为 1％；铸造上多采用黄糊精，市场上各工厂自己研制产品各异，α-淀粉，LYH-3 型糊精黏结剂等用于保温发热冒口）。各地各厂应综合利用，尽管铝粉、硅粉发热剧烈，反应速度快，时间短，成本高，有的还是采用；镁渣粉爆燃强烈，少数在产镁渣地区就地取材少量用之。常用以粉煤灰木炭、有机碳氢化合物废料。

② 发热保温冒口的混制：黏结剂由于树脂价格高出糊精 3～4 倍，加糊精 30％时强度达到同比例的水玻璃，但是混制后处理比使用糊精麻烦。目前使用发热保温冒口的以采用糊精为宜。

配比：发热材料、保温材料各 50％混合，干混 3～10min，加入 10％糊精混 2～3min，然后加入黏结剂（树脂为佳，水玻璃也可），再加入需要达到保温发热冒口强度的糊精量约 30％，这种保温发热冒口混合制作简单，利用本地资源成本低，效果好。

a. 糊精作黏结剂、发热剂便于造型，制得冒口套强度高，经过密封包装的强度达到保温发热冒口套要求。

b. 由于用保温、发热、耐温骨料糊精黏结剂有利于改善发热燃料特性，混制冒口套材料耐火度高提高，其补缩效率高，节省金属液。

c. 利于发挥保温、发热提高冒口套的热效率，使冒口达到铸件的最后凝固，以不断及时给铸件予以补给。

保温发热冒口套不能省去铸件需要冒口设置数量，只能缩小每个普通冒口体积，以体积小、保温发热热效率高的冒口套能达到或超过普通冒白的效果，从而节省金属液。

③ 保温发热冒口覆盖剂：保温发热冒口套在消失模铸造尤其是大型铸钢件中使用，由于消失模铸造过程中白模（一般 EPS 粒料）在浇注过程中经过气化裂解后，尚有少量的残渣、柏油状物质经焦化、炭化后最后流入冒口（设置集渣包则另当别论），此时此处冒口最好具有保温发热的热效率外，还应具有造渣作用。如果顶面敞开的冒口，则又具备顶隔热，阻止冒口很快散热作

用，再配用大气压力冒口效果更佳。

常用冒口覆盖剂组成（按质量分数）：稻壳灰 40％；漂珠 20％；低碳石墨 25％；粉煤灰 5％：木炭 5％；$CaF_2＋Na_2CO_3$ 5％。化学成分：C 20％～40％；SiO_2 10％～30％；Al_2O_3 5％～10％；CaF_2 5％～10％；Fe_2O_3 10％～25％。

在保温发热冒口套内置以覆盖剂，除保温发热的作用外，还有除渣、造渣的作用；SiO_2、CaO、Al_2O_3、CaF_2、MgO 等金属、非金属氧化物渣多元的酸性、碱性氧化物的冶金物化矿化反应的渣，可加入少量的萤石粉和苏打以调整渣液的黏度和熔点，使其一直漂浮在冒口的顶面。

2.5 消失模铸造主要设备生产线

2.5.1 主要设备

2.5.1.1 振动输送筛分机

振动输送筛分机由槽体、不锈钢筛板、底座、弹簧和振动电机组成，全部采用钢结构焊接而成。如图 2-32 所示。

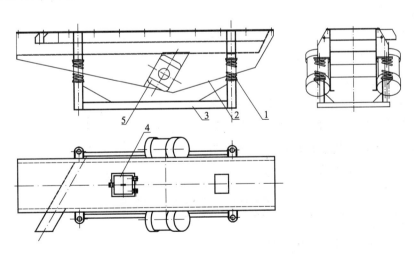

图 2-32　振动输送筛分机

1—弹簧；2—振动筛；3—底座；4—检查门；5—振动电机

振动槽内设有双层筛网，上层为不锈钢密布钻孔的大孔眼筛板，下层为小孔眼衬以 80 目的不锈钢筛。两台相对称的振动电机固定在机体上，与槽体形成一定的角度，电机两端各有一对偏心块，偏心块回转时产生离心力，其离心力在机体的横断面方向相互抵消，而在纵断面方向相互合成，合成后的激振力驱动型砂，在槽体上跳跃式前进，在前进过程中实现筛分、除尘和输送的功能。

由于振动槽较长，型砂在跳跃式前进中可以散失部分热量，所以还有一定的冷却作用。

调整两块偏心块夹角，即可改变电机的激振力和振幅的大小，进而达到某一特定生产率需要的激振力和振幅，完成筛分和输送的作用。

振动电机安装于槽体两侧，故拆卸、维修方便。由于无易损件、结构简单、能耗少、造价低、振动筛分机的生产率可在 5～40t/h 范围内选择，适应范围宽、耐高温，适合于在恶劣环境下工作，故此国内消失模砂处理系统中，多选此种输送筛分机。

2.5.1.2 提升机

提升机是垂直提升型砂的最通用设备。其结构紧凑，维修方便，提升高度可根据需要选定，因此被广泛用于消失模铸造的砂处理系统中。斗式提升机分为链式和带式两种。

链式提升机采用金属链条传动，由于整机全部为金属结构，因此耐高温性能较强。对于采用消失模铸造工艺，所生产的铸件、打箱时，接触铸件的型砂温度可高达 600℃以上，即便是经过落砂和水平筛分输送到斗提机的型砂，温度也高达 400℃左右。在此温度下，消失模砂处理系统的一级提升，大部分都采用链式提升机。

带式提升机是用橡胶作为传动带的，由于造价比全金属的链式提升机低，所以在经过冷却处理后的型砂提升中，经常选用带式提升机。带式提升机由驱动装置、拉紧装置、被动滚筒、输送带、料斗、机体等组成，如图 2-33 所示。链式斗提机的规格型号和技术参数如表 2-32 所示。

表 2-32 链式斗提机的规格型号和技术参数

型　　号	D100		D160		D250		D350		D450	
料斗形式	S 制法	Q 制法	S 制法	Q 制法	S 制法	Q 制法	S 制法	Q 制法	S 制法	Q 制法
卸料方式	离心式卸料									
输送量 /(m³/h)	$\phi=0.6$	5.5		8		21.6		42		69
	$\phi=0.4$		4		3.1		11.8		25		48

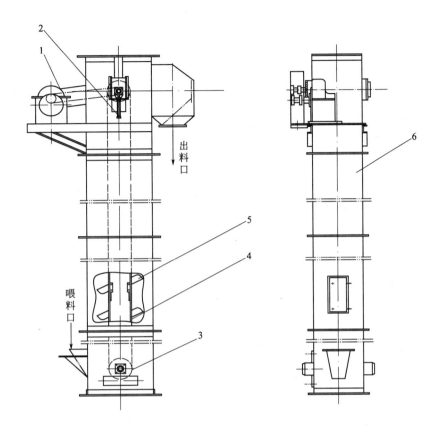

图 2-33　提升机简图

1—驱动装置；2—拉紧装置；3—被动滚筒；4—输送带；5—料斗；6—机体

在选用和配置斗式提升机时需要注意和重视以下问题：

① 型砂的温度。

② 提升机的生产能力。

③ 提升机的造价。

④ 在确定提升机的高度时还要考虑车间高度，天车下弦梁至地面高度等条件影响。

2.5.1.3　气力输送系统装置

气力输送装置是由加料阀、料位器、进排气装置、消声器、罐体、控制阀等组成。如图 2-34 所示。该装置可与输送管路、球型弯头、圆盘卸料阀等构成型砂的远距离输送、提升系统。目前输送距离可达 250m，高度可提升 15m 以上，并且可以实现多个卸料点的需要。

它的特点是：型砂以料柱形靠压缩空气推动进行输送，每段料柱（管塞）

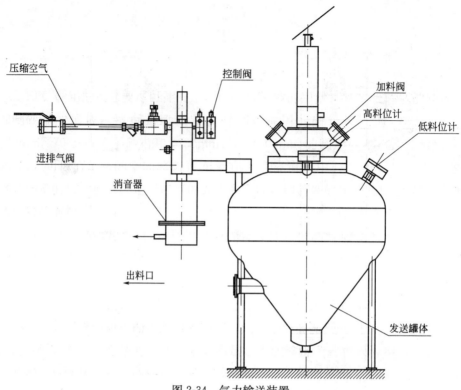

压缩空气

控制阀

加料阀

高料位计

低料位计

进排气阀

消音器

出料口

发送罐体

图 2-34　气力输送装置

保持一定的间隔，速度在 0.5～3m 间进行。由于运行速度较慢故对管道磨损较小，噪声低，占据空间小。由于气力输送装置相对提升机和皮带输送机而言其造价和运行成本较高，所以应用范围受到了一定的影响。

气力输送装置的规格型号和技术参数如表 2-33 所示。

表 2-33　气力输送装置的规格型号和技术参数

型　　号	容积/m³	生产率/(t/h)	工作压力/MPa	参考管径 $\phi_{外}$/mm	耗气量/[m³/(t·s)]
QS3015	0.15	5～8	0.45～0.55	89	14
QS3030	0.3	8～10	0.45～0.55	108	14
QS3050	0.5	10～12	0.45～0.55	127	14
QS30100	1	12～15	0.45～0.55	145	14
QS30150	1.5	15～20	0.45～0.55	145	14
QS30200	2	20～30	0.45～0.55	≥159	14

2.5.1.4　风选、磁选机

风选、磁选机的作用是清除型砂中的粉尘及由于浇注而产生的铁豆、铁片等夹杂物。大多数风选、磁选机都安装在冷却床的前段，以防止铁豆等进入冷却床而影响冷床性能的发挥。

风选、磁选机由加料口、调节阀、机体、减速电机、永磁分离滚筒、废料箱、磁轭调整手柄等组成，排风口接入除尘器管路中。

进入风选机的型砂，在百叶窗的调节下，以流幕状下落，其中粉尘被抽走，含有铁豆的型砂落在其下方的永磁滚筒上，进行磁选，达到铁砂的分离目的。

永磁滚筒是由不吸磁材料制成的滚筒和装在滚筒内固定的磁轭所组成。如图 2-35 所示。由于滚筒和磁轭没有直接接触，并且滚筒内有冷空气的吹入，使热量在传递、辐射、对流等方面强度减弱。因此改善了磁轭的高温恶劣作业环境，提高了磁选效果。为了克服永磁滚筒长期使用而磁性衰减现象，设计时充分考虑了拆卸的方便，以便当磁场强度降低时，充磁的方便、快捷。只要处理好永磁滚筒的工作条件，磁选完全可以达到预期效果。

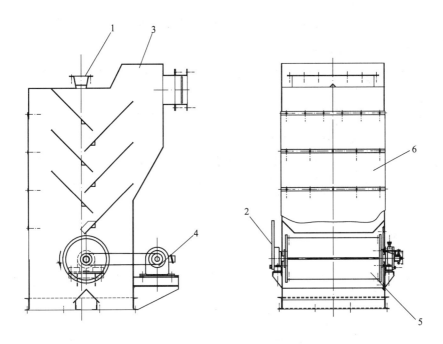

图 2-35　风选、磁选机结构示意图

1—加料口；2—磁极调整手柄；3—机体；4—减速电机；5—永磁分离滚筒；6—胶帘

2.5.1.5 冷却设备

型砂的冷却设备是消失模铸造砂处理线的最主要组成设备之一。它起到降低砂温的关键作用。型砂温度过高将使塑料模样发生变形，造成铸件报废。因此，在砂处理系统中都把型砂冷却作为关键技术性能指标来加以处理。

（1）砂温调节器（立式热交换器）

砂温调节器是由若干冷却段叠加组成的整体。冷却段由机体、带有散热片的多排水管、带有双重孔板的调量板以及手动闸板等组成。

工作原理：型砂从其上部的储砂斗进入砂温调节器后，型砂靠重力从带有散热片的水管间缓慢降至底部，在其降落过程中充分与带有散热片的水管频繁接触进行热交换，由水管内的循环水将型砂的热量带入循环水池中散发掉。在砂处理系统中，砂温调节器装有温度传感器，当砂温高于设定值时，温度传感器发出指令调量板关闭，将型砂储存在砂温调节器中，使型砂与带有散热片的水管有充分的热交换时间，直至砂温达到指定值时调量板打开，把储存在砂温调节器中的型砂排放到后序设备中，如此往返形成间歇式的储存、冷却、排放的热交换过程，从而保证了砂温设定的冷却效果。

（2）水冷式沸腾冷却床

水冷式沸腾冷却床是由风箱、沸腾箱、扩散箱、鼓风系统、排风系统、水循环系统所组成。如图 2-36 所示。

① 风箱：设在本机的底层。作用是将进入风箱的高压风进行均量、均压，以保证进入沸腾箱后使干热砂能均匀良好的沸腾。

② 沸腾箱：此箱设在本机的中部。箱中含有沸腾板、冷却水管及两端的进出口水箱。热砂的冷却主要在这里完成。从上口进入沸腾箱的热砂，被由沸腾板吹入的高压风，沸腾成流状态，充分、均匀、不断地和冷却水管接触进行热交换，并连续不断地涌向出砂口，从而完成冷却水与砂的热交换。

同时沸腾的热砂还与常温空气进行热交换，新产生的含尘热气流向扩散箱，经除尘系统净化后排入大气中。沸腾箱的下部设有三个清理门，以便定时清理。

③ 扩散箱：此箱设在本机的上层。顶部的排风孔与除尘系统相连接。由于排风系统的作用，使该箱内形成一定的负压，将沸腾箱中的含尘热空气上逸至排风孔进入除尘系统，从而完成热砂的冷却作用。

④ 鼓风系统：该装置的作用是，将高压空气引入到沸腾箱中使热砂沸腾起来。因此要求鼓入的空气压力必须能克服砂层、喷嘴孔眼和管道的阻力；风量要满足冷却热砂的需要，同时还要使热砂呈最佳沸腾状态。鼓风系统的三个

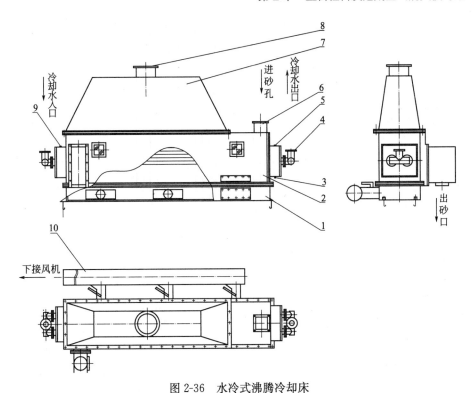

图 2-36　水冷式沸腾冷却床

1—风箱；2—冷却箱体；3—放水孔；4—（进出水）三通；5—出水测温孔；6—进砂孔；

7—除尘箱；8—除尘孔；9—进水测温口；10—进风管

进风管，设有三个手动碟阀，用以调节高压风的风压和风量，以控制沸腾砂的定向流动和速度，从而达到卸砂与全系统的协调统一。

⑤ 排风系统：该装置的作用是，将经过热交换的含尘热空气，排入到除尘系统中去。为此要求风压既能克服除尘器和管道的阻力，又能使扩散箱形成一定的负压。风量应考虑到排风温度及管道系统的漏风损失。

水冷式沸腾冷却床是目前消失模铸造砂处理系统中使用较多、应用范围较广的一种冷却设备。尽管它的结构复杂、能耗高、对型砂粒度要求严格，但由于它的冷却效果好，能够满足工艺技术要求，所以仍被作为砂冷却的首选设备。它的前端配套设备是风选、磁选机。磁选在这里的目的是防止铁豆进入冷却床，把冷却床的风帽堵死。由于磁选机采取了相应的改善其作业条件的多项措施，从而使磁选机的效果得以正常发挥，因此也为沸腾冷却床的性能发挥创造了前提条件。从事现场均能看到沸腾冷却床不受铁豆影响，正常发挥作用。

沸腾冷却床的工作原理：当热砂由上方的进料口进入沸腾箱中，被从底部风箱吹入的强压空气，通过喷嘴水平方向喷射而飞扬起来，飞扬的热砂在沸腾箱内不断地翻滚成流态状，并与冷却水管均匀、充分地频繁接触进行着热交换，同时鼓入的常温空气也与热砂进行热交换，其结果是，一部分热量被冷却水系统带入水池中，另一部分热量随含尘空气被排风系统抽入除尘器排出。

该机的冷却方式，既有水与热砂的热交换，又有空气与热砂的热交换。而热砂呈沸腾状要比静态状的热交换效率高出几倍之多。所以本机被广大设计者优先接纳和采用。在进行热交换的同时，沸腾状干砂中的粉尘，随着热空气一起被抽入除尘器，使冷却了的干砂粉尘含量大大降低，保证干砂良好的透气性，实现了降温、除尘的双重目的。水冷式沸腾冷却床的规格型号和技术参数如表 2-34 所示。

表 2-34　水冷式沸腾冷却床的规格型号和技术参数

项　目	S8905B	S8910B	S8920B	S8930B	S8940B
生产率/(t/h)	5	10	20	30	40
冷却面积/m²	30	35	55	75	95
冷却水量/(t/h)	20	25	30	45	60
冷却水温/℃	20～25	20～25	20～25	20～25	20～25
鼓风量/(m³/h)	>4500	>5500	>7000	>9500	>11400
排风量/(m³/h)	>5500	>6500	>8000	>11500	>13500
功率/kW	18.5	30～37	37	55	75

（3）水冷式滚筒冷却床

水冷式滚筒冷却床是由滚筒、集砂罩、传动机构、雨淋管、进砂收尘管、轴流风机等组成。如图 2-37 所示。滚筒转动是由传动机构齿轮与滚筒齿圈传递动力，传动机构由电动机、减速器、三角胶带、齿轮组成。具备传动可靠、承载能力大、运行平稳、使用寿命长、结构紧凑、安装维护方便等结构特点。

水冷式滚筒冷却床利用型砂在输送过程中被滚筒内扬砂板按照特定角度翻转、轴流风机吹风及对滚筒进行雨淋水冷来实现降温。轴流风机的吹风又有利于集尘。该机又具有出砂量大、能耗小、降温可靠、除尘效果好、噪声低等显著特点，是冷却型砂的理想设备之一。

该机的主要技术参数如下。

出砂量：10～20t/h。

滚筒直径：ϕ1500mm。

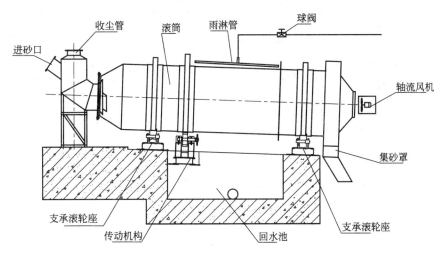

图 2-37　水冷式滚筒冷却

滚筒长度：6000～18000mm。

滚筒转速：3～6r/min。

功率：5.5～22kW。

冷却水量：15～40m³/h。

2.5.1.6　中间砂库

在砂处理线中，若无特殊条件限制，一般都设有中间砂库，也叫缓冲砂库、储存砂库等。

它的作用是，储存型砂，使全线造型砂一直处于循环使用的封闭线路中，以实现"地上无砂粒"的绿色环保要求。

中间砂库的容量是按每日耗砂量及其他几个砂斗的容量而设计的，它受车间和天车高度的制约，在设计时必须充分考虑到这一点。

2.5.1.7　电气控制自动化

在消失模砂处理线中，大多数都采用 PLC 全线自动化程序控制。在设计中，同时设有自动和手动切换功能。

整条生产线各单元设备的启动、停止可实现如下运行：按下总启动按钮，整条线将按顺序自动开机；当整条线符合停机条件时，整条线就将自动关机，但是若其中某单元设备不符合停机条件时，则该设置可继续运行，直至符合条件完全停机。下班关机时，只要按下总停止按钮则整条线将按顺序停机。

在消失模砂处理线中一般设有各单元设备联锁保护功能，即当全线或单元设备运行时，若其中某一台设备出现故障停机，该设备则会显示红灯报警，并且此时该故障设备的前继设备均会立即停机而后继设备会正常运行，从而防止了设备的超载运行，杜绝设备事故的发生。整条线的电控不仅对各单元设备进行控制，而且对砂库（斗）的料位器也进行停机、开机联动控制。

这种自动程序控制使整条砂处理系统摆脱了对人工的依赖性，改善了铸造环境，提高了生产效率。

2.5.1.8 除尘器

由于消失模砂处理中的粉尘不含水分，并且进入除尘器的含尘热风，其温度均不超过滤袋材料的耐热温度，故此大部分消失模砂处理线均采用布袋除尘器。

这种除尘器是应用较多的一类。因为它除尘效率高，能满足严格的环保要求、运行稳定、适应能力强、处理风量范围广的特点，所以被广泛应用在烟气温度不高、不含水分的作业环境中。

袋式除尘器按清灰方法不同分为五类：机械运动类、分室反吹类、喷嘴反吹类、振动反吹并用类、脉冲喷吹类。

在设计消失模砂处理线时，对布袋除尘器的选配，除按《布袋除尘器选择原则》执行外，还要考虑其安装位置，如室内、外的区别等客观环境因素。

2.5.1.9 落砂设备

在消失模砂处理线中，落砂有以下几种方式。

① 对于生产率要求不高的生产线，一般采用天车吊起，将欲落砂的砂箱放置在翻箱支架上，再用天车翻转砂箱，将热砂和铸件一起翻倒落砂栅格床内，热砂进入砂处理线进行处理，铸件由天车吊入清理工部。

② 液压翻箱机。在采用造型浇注流水线方式时，或者生产效率要求较高的消失模生产线上，落砂经常用液压翻箱机来完成。液压翻箱机按举起砂箱的方式，分为抱夹式（图 2-38）和底托式两种。液压翻箱机主要由液压站系统和机械夹紧支架两大部分组成。

消失模的落砂由于型砂没有黏结剂使得型砂流动性好，为落砂的简易创造了条件。由于铸件和型砂均处于高热状态下，其作业环境仍受到灰尘和热辐射的恶劣影响，为了改善这一作业环境，有的砂处理线在铸件的搬运中，配备了落砂振动输送床和鳞板输送机，这样彻底改善了落砂的工作条件，使落砂时的铸件搬运变得轻松简单。

③ 自泄砂砂箱：自泄砂砂箱多用于较大砂箱上，自泄砂砂箱在其底部留有泄砂口，在砂箱工作时，泄砂口处于密闭状态，不影响其真空负压的执行。

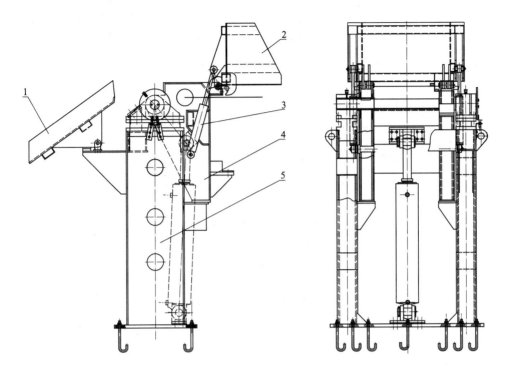

图 2-38　抱夹式液压翻箱机

1—溜槽；2—砂箱溜槽；3—翻转架翻转油缸；4—翻转架；5—砂箱溜槽翻转油缸

当需要落砂时，将砂箱从造型线上运抵砂处理线的落砂处，利用机械装置打开泄砂口，型砂从此口流入砂处理线内，铸件用天车从砂箱内吊运清理工部。此种方式在砂箱内会留有部分型砂，此型砂作为底砂不会对作业带来不利的影响，因此被广泛采用。需要注意的是，泄砂口一定要封闭严密，不能有漏砂、漏气现象。

2.5.1.10　其他辅助设备

在消失模砂处理线中除上述各主要设备外，尚需按各主要设备的性能差异分别配置，如皮带输送机、犁式卸料器、料位计、风量调节阀、自动加砂门等辅助设备，才能构成一条完整可靠的运行砂处理线。

2.5.2　消失模铸造生产线

2.5.2.1　消失模铸造生产线的基本类型

消失模铸造生产线一般有两种含义。广义的生产线包含制模、组箱造型浇注、砂处理，俗称"白区"、"黄区"及"黑区"；狭义的生产线只是指组箱造型浇注及砂处理系统，也即消失模铸造"黑区"生产线。由于"白区"、"黄区"已经在本书其他章节介绍，本章消失模铸造生产线仅指组箱造型浇注、砂处理系统，并重点介绍消失模铸造自动线。消失模铸造生产线的分类如图 2-39 所示。

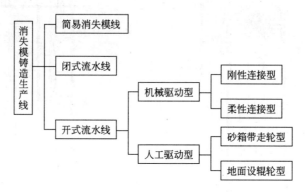

图 2-39   消失模铸造生产线分类图

消失模铸造生产线的布置形式与其他类型的铸造流水线（黏土砂造型线、树脂砂造型线等）形式基本一致，按大类可分为闭式流水线和开式流水线两种。

消失模铸造生产线主线为造型浇注线（系统），砂处理系统与造型浇注系统十分紧密，往往也纳入到消失模铸造生产线的范畴。

2.5.2.2   消失模铸造生产线分类实例

（1）简易消失模铸造生产线

简易消失模铸造生产线实际就是简易消失模铸造系统，最简易的系统只有三维振实台、真空砂箱及真空系统。相对完善的消失模铸造系统应包括多台三维振实台、完善的砂处理系统及加砂机、真空系统，砂箱的运输依赖起重机。典型简易消失模铸造生产线见图 2-40。

（2）闭式布置消失模铸造生产线

闭式造型线是用连续式或脉动式铸型输送机组成的环状流水生产线，黏土湿型高压造型线有很多种类，气冲线、静压线、DISA 线、HUNTER 线等，它们的造型生产率普遍达到 $60\sim200$ 型/h。闭式消失模铸造生产线的应用较少，生产率也远不如上述高速造型线。

在闭式消失模造型生产线上，各工序按照所确定的节距循环进行，它适用于大量生产连续浇注的铸型。在这类造型生产线上，铸型（砂箱）的运转设备少，辅机种类少，动力消耗较小，生产线的故障率也较低。但此类布置的占地面积较大，铸件浇注常在动态下进行，浇注不易控制（浇口不易对准），更易产生浇注缺陷，如果采用浇注机，可以避免这种情况，但造价陡升。

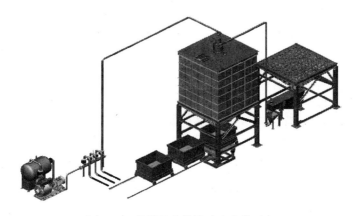

图 2-40　简易消失模铸造生产线示意

一种闭式布置的消失模铸造生产线如图 2-41 所示。

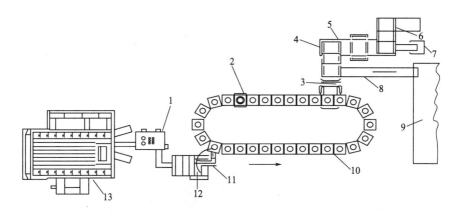

图 2-41　一种闭式布置的消失模铸造生产线

1—调温仪；2—振动紧实台；3—翻箱机；4—铸件冷却；5,6—铸件输送；7—浇冒口切除；
8—砂输送带；9—砂处理；10—造型线自动输送系统；11—自动浇注；12—浇注机；13—熔化炉

（3）开式布置消失模铸造生产线

开放式造型生产线是用间歇式铸型输送机组成直线布置的流水生产线。这种造型线的线路布置灵活、紧凑，易于布置砂箱储存段，既适用于生产品种多、批量较小、冷却时间不一致的铸型，也适用于大批大量生产的铸型；另外，此类布置的铸件浇注常在静态下进行，浇口容易对准，浇注质量高。但开放式造型线上铸型转运的次数较多，辅机种类多，动力消耗较大，维护要求较高。

开放式布置生产线又有两种类型，即刚性连接型和柔性连接型。刚性连接型砂箱首尾相接，没有间歇，生产线布置紧凑，但所有工序必须同步，必然相互制约，从近几年技术发展来看，刚性连接线有逐步被柔性连接线取代的趋势。

① 简易开式柔性消失模生产线。一般而言，针对中小铸件，年产量≤3000t 的生产规模，倾向于采用人工驱动、柔性连接消失模铸造生产线。该生产线组箱、造型、浇注、落砂、砂处理的设备配置与高水平的消失模铸造生产线基本相同，只是砂箱的输送方式采用人工代替机械驱动方式，生产组织较灵活，设备维护工作量较少。这种形式的消失模铸造生产线有的采用带走轮砂箱，在地面及转运小车台面设置轨道，砂箱在轨道上行走，有的在地面及小车台面设置边辊，砂箱在边辊上行走，实现砂箱的转运。这种形式的消失模铸造生产线，不适宜采用大型砂箱。两端配手动或机动转运小车。该生产线可配套完整或非完整砂处理系统。

此线的传动部件较少。运行较可靠，但工人劳动强度较大，作业条件较差。此线适用于中小批量生产或初期消失模铸造生产企业。

图 2-42 所示为沈阳中世公司为某客户设计简易开式柔性消失模线，配置完整的砂处理系统，砂箱运输采用人工推动和转运小车结合方式，非常实用。

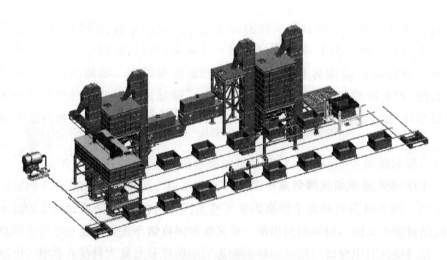

图 2-42　简易开式柔性消失模铸造生产线三维示意图

图 2-43 所示为杭州卓越公司为某客户设计研制的另一例人工驱动、柔性

连接消失模铸造生产线平面布置示意图。该生产线采用圆筒形走轮式砂箱，砂箱转运通过非标设计的四个转盘完成，翻箱落砂采用电动葫芦吊挂式翻箱机，灵活自如。

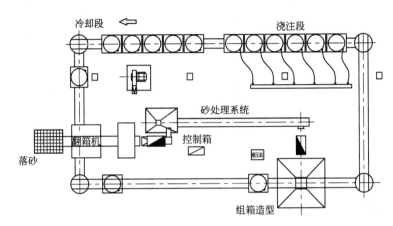

图 2-43 人工驱动、开式柔性连接消失模铸造生产线

该生产线的主要技术参数如下：

设计年产汽配球铁件 2000t

配套熔炼炉 2×0.5t 中频感应电炉

真空砂箱 ϕ1000×1000mm 底卸砂箱

砂处理能力 15t/h

② 开式刚性连接消失模铸造自动线。图 2-44 所示的为国外一种全自动的开放式造型、浇注生产线的平面布置，它的最大设计能力可达 120 箱/h，该线可能是迄今为止，世界上造型速度最快的消失模铸造自动线之一。

输送小车将模样送到振实台前存放，由机械手将模样放入砂箱内填砂、紧实，填砂和紧实工艺可按铸件的工艺要求进行调整。熔炼系统配有 7t 保温炉和 50kg 自动浇注机进行定量浇注，采取浇注时随流孕育的方法获得铸造球铁。浇注时通过升降油缸放置浇口杯，附有浇口杯框架压在干砂表面上，无需抽真空浇注。

铸件冷却线由 4 条独立的机动辊道组成开放式布置，砂箱通过辊道小车自动转运。旧砂经耐高温带式输送机送至砂处理系统，在砂处理系统，干砂经斗式提升机后，再通过运输、磁分离、筛分进入干砂冷却器，冷却到 50℃ 以下，再由气力输送装置压送到造型机上方的砂斗中待用。

这种生产线的主要特点在于全部生产工序的高度自动化，即从模样生产到

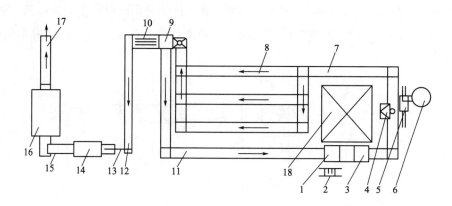

图 2-44　一种全自动的开放式造型、浇注生产线

1—机械手；2—模样存放架；3—振动紧实台；4—放浇口杯油压装置及通风装置；5—浇注机；
6—保温炉；7—机动辊道；8—冷却段；9—翻箱机；10—落砂机；11—回砂箱辊道；12—振
动输送冷却槽；13—电动葫芦；14—四工位压床；15—振动输送机；16—抛丸机；
17—带式输送机；18—砂处理系统

浇注和加工是全自动化的，它也标志着消失模铸造工艺技术发展的新时代。

沈阳中世公司设计的开式刚性连接消失模自动生产线见图 2-45。该线的砂箱循环工部增加了转运小车及推箱系统、翻箱落砂工部采用自动翻箱系统。可实现连续生产，基本实现了清洁生产。此类生产线用人数量较少、劳动强度也大大降低，效率较前提高很多。

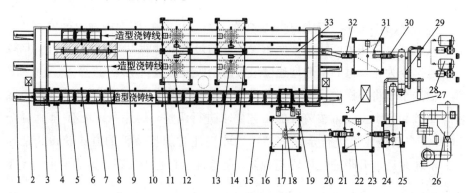

图 2-45　开式、刚性连接消失模铸造自动线平面图

1—推箱机；2,19—液压站；3—转运小车；4—定位机构；5—浇注平台；6—拨正机构；7—砂箱；
8—负压分配器；9—负压管；10—轨道；11—造型上方砂斗；12—三维振实台；13—雨淋加砂器；
14—造型控制柜；15—小车轨道；16—除尘罩；17—落砂装置；18—翻箱机；20—筛分输送机；
21,24—链斗提升机；22—热砂砂斗；23—磁选机；25—中间砂斗；26—除尘系统；27—一次冷却机；
28—负压机组；29—二次冷却机；30,32—带斗提升机；31—中心砂库；33—带式输送机；34—集中控制柜

③ 开式、分组驱动、柔性连接消失模铸造生产线。美国福康公司（VUL-CAN）为国内某大型工程机械制造企业设计制造的年产 20000t 工程机械箱体铸件消失模铸造生产线，采用开式、分组驱动、柔性连接组线型式，浇注采用环形浇注单轨、液压翻箱落砂、机械手取铸件。

杭州卓越公司根据消失模铸造生产的特点，设计了开式、分组驱动、柔性连接消失模铸造生产线，该生产线具有以下特点：

a. 组箱造型、浇注、落砂各工序可按各自的节奏运行，互不干扰，使全线效率充分发挥。

b. 感应炉是间隙式出钢，柔性组线实现阶段作业和平行工作的有机结合。

c. 组箱造型经常需要砂箱进、退操作，刚性连接线只进不退、非常局限，而柔性组线很容易实现。

d. 组箱造型是消失模铸造线的工作瓶颈，柔性线可采取必要措施（串联增加造型工位、增加造型支线等）从设计阶段就解决这一瓶颈。

e. 满足不同材质、不同大小铸件在线上同时生产，柔性线提供了可能性。

f. 柔性消失模线真正实现消失模铸造生产线的自动化。

图 2-46 所示为杭州卓越公司为陕西某公司设计研制的分组驱动、柔性连

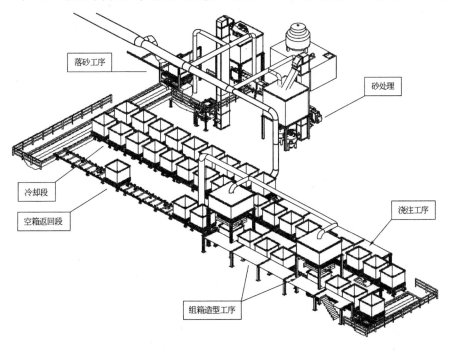

图 2-46 开式、分组驱动、柔性连接消失模铸造生产线三维图

接消失模铸造生产线三维图，该生产线是国内自行设计研制最重型消失模铸造自动线之一，线上单体运输重达 10～12t。该分组驱动、柔性连接消失模铸造自动线主要技术参数如下：

    生产线代表产品　耐磨铸钢件、双金属复合管件

    砂箱尺寸　1600mm×1600mm×1500（2000）mm

    砂箱结构　底卸专用真空砂箱

    每箱平均产品质量　约 400kg

    每箱平均浇注质量　500kg

    熔炼设备　3×1t 中频感应电炉

    生产线设计能力　6～8 箱/h

    砂处理能力　30t/h

④ 开式、刚柔结合消失模铸造生产线。杭州卓越公司设计研制了一种单列"刚柔并济"的消失模铸造生产线。该线结合上述两种类型消失模铸造生产线的各自特点，在原来刚性生产线基础上，充分考虑到组箱造型、浇注、落砂三大工序操作特点，糅合了柔性流水线的优点。这种生产线在实际生产中避免刚性线的约束，非常灵活自如。

分段驱动、单列、刚性连接消失模铸造生产线的主要技术参数如下：

生产线代表产品　箱体、床身铸件、球铁管件（*DN*200～600）

砂箱尺寸　1500×1200×1200mm

砂箱结构　底卸专用真空砂箱

每箱平均产品质量　约 250kg

每箱平均浇注质量　300kg

熔炼设备　1.5～2t 中频感应电炉

生产线设计能力　6～8 箱/h

砂处理能力　20t/h

第3章

EPS 粒料发泡型（板）材 实型铸造

3.1 实型铸造概况

3.1.1 发展状况

实型铸造又称"气化模造型"、"泡沫聚苯乙烯塑料模造型"、"消失模造型"或"无型腔造型"等。实质上是采用泡沫聚苯乙烯塑料模样代替普模样（木模、金属模），造好型后不取出模样（俗称白模）就浇入金属液，在灼热液体金属的热作用下，泡沫塑料模（白模）气化，燃烧而消失，金属液取代了原来泡沫塑料模（白模）所占据的空间位置，冷却凝固后即可获得所需的铸件。广义上统称为实型铸造，狭义上约定俗成地将白模在湿砂造型的称为实型铸造，干砂真空造型的称为消失模铸造。

美国于1956年首先研制成功实型铸造或称"无型腔铸造"，并于1958年获得专利，初期用于铸造金属工艺品。我国差不多在此稍后，引进了实型铸造。当时采取进口前苏联或西方国家泡沫塑料板材进行宛如木模一样的切割加工，以取代木模，拓展了单体小批量铸件生产的途径，但因进口泡沫塑料价格昂贵，一段时间滞缓。改革开放以后，随着 EPS（泡沫塑料）国产化且价格下降，同时，水玻璃、树脂等流态自硬砂迅速发展，EPS 板材、型材切割加工、粘接方便。到 2009 年，我国实型铸造的铸件产量达 35 万吨，名列世界各国产量之首，最大的铸件可达 75t。

由于混砂设备的混砂量不断增大，如无锡锡南铸造机械厂生产的混砂机可达 40t/h、60t/h，可混树脂砂、有机脂水玻璃自硬砂，更为铸造风电、核电用大吨位铸件提供了混砂设备的条件。

由于白模制作灵活方便，特大件中间可中空，如空心电杆、薄壳构件。白模的制备可实现 CAD/CAM 技术的三维造型模块化设计，对 EPS 板材进行快速准确地数控加工，形成精确表面。实型铸造可生产如汽车模具的大中型铸件毛坯、大型机床机身、大型机架，等等。

3.1.2　工艺概述

由于实型铸造用 EPS 白模制作方便、快捷，特别适合单件、小批量的铸件加工任务。对于面向研究试制及修配、修造的任务较为适合。实型铸造基本工艺为：白模制作、混砂、造型、浇注等。

（1）白模制作

① 用 EPS 板材、棒材及其他型材，通过电热丝（$\phi1.2mm$ 和 $\phi0.2\sim0.5mm$）进行粗、精切割，电热丝切割温度 $250\sim500℃$。根据电热丝直径、切割长度和 EPS 材料密度控制切割速度，通过控制变阻器对于 EPS 模料上的切割，加工后留下的沟、槽、坑、洼以及凹陷不平的地方，用低熔点的硬脂酸或和低灰分的自硬树脂黏结剂等为填料，用乙醇（或甲醇）为溶剂配制成涂膏填补、修饰，以保持白模表面质量。发现有凸鼓地方用电热丝切平或电烙铁熨平，或用溶剂丙酮等刷去抹平。

② 黏合、组模、修饰。常用黏结剂有：乳胶（醋酸乙烯，PVA），PVB（聚乙烯醇缩丁醛，BM）。黏结剂配制：将 PVB 慢慢地加入盛有酒精的容器中，不断地搅拌，直至粉粒状 PVB 完全溶于酒精（乙醇）中备用，如黏结剂太稠，则加入酒精稀释，适用为宜。将分块的 EPS 白模黏结组装成铸件形状，黏结好白模的浇注系统，将白模铸件与白模浇注系统组装。

③ 上涂料。涂料可以购买涂料生产单位供应消失模的专用涂料，有涂料搅拌机设备则可进行自配，但必须要考虑到实型铸造用湿型砂的型砂种类和黏结剂对涂料的作用。涂料上好后进行干燥，造型时备用。

（2）型砂

实型铸造常用砂型有水玻璃 CO_2 自硬砂型和树脂自硬砂型。

① 水玻璃砂在实型铸造中应用比较多，在原来木模造型基础上改为 EPS 模即可。因它具有较好的流动性和较高透气性，且硬化时间短、硬化强度高。采用水玻璃流态自硬砂，可改善单件和小批量生产的造型条件，但它的溃散性差、回用难度大。EPS 白模（实型）铸造用水玻璃砂成分及性能如表 3-1 所示。

表 3-1　实型铸造用水玻璃砂的成分及性能

成　　分（质量分数）/%						性　　能	
新砂	旧砂	水玻璃	发泡剂	赤泥	水	干压强度/MPa	透气性
100		7～8			4.5～5.5	＞0.64	＞450
60～70	20～40	7～8			4.0～5.0	＞0.98	＞300
100		7～8	0.2	4	6.0～7.0	0.69～0.78	＞300
100		8	0.2～0.3	2～4	6.5～7.5	0.29～0.49	＞500

水玻璃性能取决于模数 $M = SiO_2/Na_2O$，高模数水玻璃砂的硬化速度快，出砂性好，含水量较高、干强度较低；而低模数水玻璃砂则相反，且使用寿命较长、可塑性较好，对生产中大型铸件有利，一般选择 M 为 2.3～2.4，浓度（°Be）为 51～54，如表 3-2 所示。

表 3-2　不同模数的水玻璃性能

项　　目	高模数砂	低模数砂
SiO_2/Na_2O 比值	2.8～3.5	1.5～2.5
型砂水分适宜	3.8～4.5	1.5～2.5
硬化速度	快	约为高模数砂一半
硬化后的型砂强度	稍低	较高
出砂性（无附加物）	稍好	较差

酯硬化水玻璃砂（又称第三代水玻璃砂）已通过全国铸造协会现场鉴定会，水玻璃采用上海星火化工厂生产的和上海试剂一厂生产的 SS 系列有机酯水玻璃硬化剂，硬化和包括快、中、慢速三个品种，以比例混合可得到不同的硬化速度，这样可以实现不同要求、不同季节的酯硬化水玻璃砂造型，利用此种型砂造型即可进行 EPS 模造型浇注。

② 呋喃树脂自硬砂实型铸造，通常采用甲苯磺酸作固化剂的呋喃树脂自硬砂造型，树脂砂的配比及强度如表 3-3 所示。树脂选用时，应按所购树脂厂的产品质量说明书加以调整。

表 3-3　树脂砂的配比及强度

温度/℃	树脂砂配比(质量分数)/%			24h 抗拉强度/MPa
	擦洗砂	树脂(占砂质量分数)	固化剂(占树脂的质量分数)	
>25(夏)	100	1.0～1.4	30～50	≥0.8
10～25(春秋)	100	1.0～1.4	50～60	≥0.8
<10(冬)	100	1.0～1.4	60～70	≥0.8

注:擦洗砂中回用砂量(质量分数)为85%～90%。

③ 混砂。流态自硬水玻璃砂可用辗轮混砂机混砂,酯化硬化水玻璃砂应用高速混砂机或新型倾斜式混砂机混砂;树脂砂应用高速混砂机混砂或螺旋绞动混砂机混砂。按各自混砂工艺进行操作混砂并出砂。

(3) 造型

① 工艺流程如图 3-1 所示。去模样空腔用于铸钢件生产。

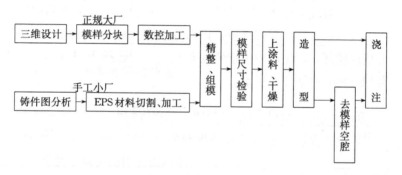

图 3-1　造型工艺流程

② 造型。造型与木模造型工艺相同,模样放在砂箱中位置应便于型砂的充填。对于有下凹和孔槽的铸件,模样的开口部分应尽可能朝上面或侧面,以利于流态砂的流动和充实,如果不得不朝下面,则在下凹或空注等处必须仔细地进行人工轻轻地小心捣实,以保证铸型各部分有足够的紧实度。对于大件、特大件,则应在砂箱内逐步填砂分层紧实。

有些厂将小型的铸件组串(组串数量要比干砂浇注的稀少,因流态砂没有干砂充填振实性能好)造型,造好型后用喷灯将 EPS 模样烧掉、清净型腔,便形成了空腔铸型,从而避免了浇注铸钢件的增碳难以控制的弊端,回到了水玻璃(或树脂砂)的空腔砂型。

采用空腔浇注(尤其适用于低碳类钢或薄壁 4mm 左右球墨铸铁件)要特别注意,EPS 模样的涂料层将转移到砂型(水玻璃砂或树脂砂)上来,因此模样涂料必须要考虑砂型的砂、黏结剂（水玻璃、树脂）附加物（赤泥、固化剂、脂）的综合作用，以免空腔后的涂料层与砂型脱开成壳，涂料壳破碎不仅起不到涂料层作用，其涂料层碎壳在合金液中形成夹渣杂质。为确保模样烧失后模样上的涂料层转移到砂型空腔的壁上，模样必须要在涂上涂料后趁潮湿造型。

（4）浇注

空腔砂型的浇注按低碳钢的砂型浇注工艺即可。

实型铸造以浇注中大型铸铁及球墨铸铁为多。根据铸件结构形状的复杂程度及壁厚差异，灵活设置浇注系统。通常采用底注式或阶梯式浇注系统，它可使金属液流股均匀、避免死角、平稳充型，热场分布均匀，引导残渣浮入冒口或集渣泡。要实现均衡凝固原则，大多采用暗冒口"离开热节，但不远离热节"和"居高临下"的放置原则，并起到局部区域的集渣、透气的作用。浇注系统的内浇道、横浇道、直浇道截面要比普通砂型大 20%～30%，便于迅速裂解 EPS 模样和充型。

浇注温度要比普通砂型铸造提高 30～50℃，薄壁球墨铸铁件可提高 80℃。

浇注速度，流股采用慢—快—慢，切忌流股中断，快时切不可使浇口杯外溢。

浇注时间，据铸件大小、结构情况、砂箱的放置（平放、倾斜）而定。

浇注时环境保护，由于 EPS 模料和呋喃树脂自硬砂（水玻璃的发气较少）在高温金属液作用下裂解、气化，产生大量黑烟和刺激的有机废气，大大恶化了车间工作环境，尤其是将砂箱顶面及周边出气孔处点燃时有机物废气燃烧产生细小黑烟（即泡塑燃烧）弥漫飘移在车间，故必须要采取吸排风机吸入废气净化装置或将废气导入二级水池。

3.1.3　实型铸造工艺流程

消失模铸造生产工艺流程如图 3-2 所示。图 3-3 所示为实型铸造与普型铸造的生产工艺流程，从中可进行比较，工序流程减少了许多。

3.1.4　实型铸造工艺技术特点

（1）实型铸造用模样

与普通砂型铸造工艺一样，但不用木模或金属模模型，而是采用 EPS 材料白模。与消失模铸造相比，实型铸造采用流态自硬砂造型而不是真干砂造型。实型铸造用白模密度应比消失模干砂真空、特殊砂箱造型大一些，经得住流态水玻璃自硬砂或树脂固化剂硬化自硬砂造型的压力，白发气量的要求比消失模低。实型铸造用模样可采取 EPS 板材、型材切割黏结，或用 CAD/CAM 数控机床加工成型。

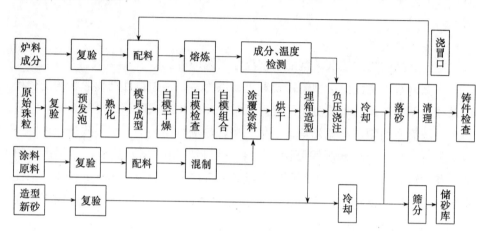

图 3-2　消失模铸造的生产工艺流程

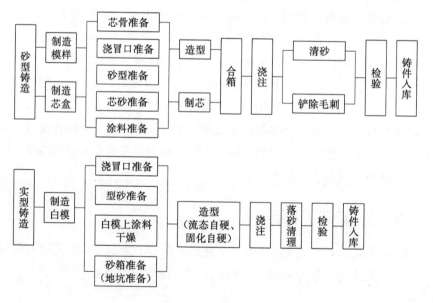

图 3-3　实型铸造与普型铸造的生产工艺流程

（2）实型铸造用模样涂料

实型铸造用模样涂料要求不如消失模干砂造型要求高，只要能涂上白模、对合金液不粘砂即可。上涂料后不需烘干，自然风干、晾干即能造型。

（3）实型铸造用型砂

实型铸造造型时，尽管模样上涂料并干燥后有一定强度，但仍不能捣打捶实，只能采用流态自硬砂。所以，对实型铸造用型砂的混制，只能用树脂混砂机、水玻璃有机脂自硬混砂机。

（4）实型铸造的造型工艺

实型铸造的模样和浇注系统（直浇道、横浇道、内浇道、出气冒口、集渣冒口、冒口）在砂箱内（或地坑中），先按工艺要求布置放妥，然后将流态砂平稳均布逐层填充造型、抹平，待其自硬，模样和浇注系统就埋在铸型里面。

（5）实型铸造的浇注工艺

实型铸造与普通砂型铸造工艺相比，铸型中多了和铸件一样的模样。浇注时，铸型上放置浇口杯，当合金液浇入砂型后，合金液必须要将模样熔化并气化掉。为了保证型腔内熔化气化的模样不与合金液混合在一起紊流、翻滚，要求浇注系统保证合金液从底面向上将模样逐步熔化气化，或合金液从一侧面浇入液面逐步将模样推向另一侧面，最后在最高处设置出气孔、出气冒口、集渣孔、集渣冒口等，以便将模样熔化气化产生的气体和渣滓杂质集中排除。因此，对于大平板件务必要和黏土砂型浇注工艺一样"平做斜浇"。

浇注温度可比消失模铸造的浇注温度略低即可，要确保完全熔化模样并使合金液置换模样型腔的位置，确保铸件不出现废品、疵品（如粘砂、皱皮、积碳、光亮碳、缺肉，等等）。要掌握控制浇注速度，切忌浇注过快，应采取慢—快—慢的浇注速度，注意浇注合金液时整个砂箱的反应。

单件、小批量铸件实型铸造浇注时，也要比黏土砂更重视点火引气。合金液浇入砂型后，砂箱合箱缝处，出气口、出气冒口、集渣冒口高处发气冒烟，此时产生碳氢化合物气体，务必将其引火点燃，使其有序燃烧。同时引导出型腔内模样气化产生的气体，直接燃完为止。为保护车间场地环境安全卫生，最好设置尾气废气吸收装置集中进行处置，千万不可用排风扇或换气扇将气体排放至车间外，影响周围环境。

3.2　原辅材料、主要设备及工装、技术经济分析

3.2.1　实型铸造用原辅材料

实型铸造用的原辅材料没有消失模铸造要求那么严格。

（1）白模

在实型铸造工艺中，白模仅作为铸件模样一次性埋在砂箱中，省去了普通砂型铸造工艺中的木模造型的泥芯、活块、嵌块的麻烦，只要造型过程中流态自硬砂覆盖充填时模样不变形即可，故包装材料 EPS 板材、型材及专用 EPS 材料均可切割、黏结成模样（白模）。

（2）涂料

可与普通砂型用涂料套用，但白模表面应去油，保证涂料能刷上或喷上。

（3）型砂、黏结剂

① 型砂要与浇注铸件合金性质匹配，要水洗砂，不能含有灰尘，以免影响黏结。常用型砂有石英砂、铬铁矿砂。

② 型砂用黏结剂主要是：水玻璃有机酯（三醋酸甘油酯等）、碱性酚醛树脂、呋喃树脂及各自用固化剂。

（4）熔炼原材料

实型铸造熔炼铸铁、铸钢原材料同消失模铸造一样，都用感应电炉熔炼，只有它的吨位量更大，多为 40t/h、60t/h 的感应电炉。

3.2.2　实型铸造的主要设备及工装

（1）白模制作设备

① 手工制作：电热丝切割机（台面大小由需切割白模（铸件）大小而定），烫孔洞用电烙铁等。

② 数控机床加工：CAD/CAM 三维设计切割成型、粘接机粘接白模。

（2）涂料制备设备

同消失模铸造涂料搅拌、配置设备。

（3）混砂、造型

① 中小型铸件自硬混砂机：双搅拌混砂机 SHS30/60，SHS150/300（kg/次）。

② 中大件自硬混砂机：S24、S25 系列单臂固定式连续混砂机、双臂混砂机（3t/h、5～30t/h）。锡南铸造机械厂生产的混砂机可达 60t/h，用于大件或特大型铸件生产。

③ 振实台：中小件造型不采用振实台，大中件及大批量生产线采用振实台。

④ 抛砂机：中大件、大批量生产采用抛砂机，抛砂冲击力度不能使模样

产生变形。

　　浇注等其他设备与普通黏土砂铸造设备一样。

3.2.3　实型铸造的技术、经济分析

　　（1）模样制造经济、快捷

　　实型铸造最适宜单件、数件、小批量生产铸件，白模材料性能要求比消失模铸造低，可用密度较大或不一的坯材，甚至可用包装泡塑材板进行切割粘接即可成白模，取材方便、价格便宜。制模工只要能读懂铸件图就能制作白模，没有像制作木模的技术要求高，只要有样板，一般工人均能按样板切割白模，然后由技术较高的模样工来粘接，比制作木模更为经济、快捷。

　　（2）对铸件结构的适用性强

　　由于白模便于切割、粘接，制作灵活，尤其适应于具有复杂结构的铸件（像模架、模具、发动机缸体、缸盖等）生产，白模作为实型取代木模，造型时更方便，省去了造型合箱和下泥芯、活块及抽芯等工序，简化了造型工艺，提高了结构复杂铸件的产品质量，有利于实现数控 CAD/CAM 加工。

　　（3）型砂混制工艺简单

　　型砂混制工艺完全同树脂砂或水玻璃有机酯砂，但黏土砂碾轮混砂机不能用。

　　（4）造型，浇注

　　实型铸造采用树脂砂、水玻璃砂自硬化造型，铸件模样埋在铸型中在浇注液态金属后被烧失气化，一次性消耗。浇注系统的设置必须要考虑白模（EPS）受合金液加热后的产物务必从型腔中排出或集中去除，这一环节在技术上工艺上要比空腔黏土砂铸造更为复杂。

　　浇注工艺比黏土砂要复杂，要随时注意型腔内白模反映，白模气化的气体会发生反喷。浇注速度要先慢、中快、后慢收包，且流股不能断，断流易产生白模气化渣滓进入铸件。明冒口补浇，浇注时引气，白模气化废气要集中处理。实型铸造浇注的技术性要求比砂型铸造为高。

　　总之，实型铸造以白模为代木模，制模技术要求简单、快捷、经济。

3.2.4　空腔浇注

　　消失模的空腔浇注是先将模样烧失再浇注。空腔铸造和实型铸造显然是完

177

全不同的两种概念，空腔铸造是消失模发展的高级阶段。空腔铸造则能有效地避免钢铁液（Fe-C 合金）在充型、凝固和冷却过程的增碳反应，并使浇注过程充型平稳，减少型内气压，避免铁液紊流、气体卷入、反喷或塌箱等现象的发生，最大限度地减少了炭渣在型壁上的黏附与集结，从而有效消除铸件夹渣、气孔、皱皮、裂纹以及无规则增碳、成分不均、晶粒粗大等缺陷，这些效果是实型铸造所无法相比的。空腔浇注的操作要求：

① 白模在挂涂前设计好空腔浇注工艺，这是很重要的一步。

② 白模涂料的厚度要比实型铸造的模样涂料层厚，在 1.5～3mm。

③ 燃烧时负压可以升到 0.07MPa 以上。

④ 点火燃烧要供给一定量的氧气，才能烧得彻底、烧得干净。

⑤ 浇注的速度和砂型相同，不快也不慢，确保残留在涂层上泡沫燃烧排出。

3.3 实型铸造实例

3.3.1 实型铸造生产汽车覆盖件冲模的质量控制

20 世纪 80 年代中后期实型铸造开始应用于汽车覆盖件铸件的生产，21 世纪随着汽车模具三维实体及整体数控的全面推广应用，实型铸造在汽车覆盖模具铸件的生产中的得到广泛应用，为近几年我国汽车工业的发展提供了强有力的支撑，在汽车覆盖件模具铸件的生产中，实型铸造采用整体数控或手工制作模样，应用呋喃树脂自硬砂造型。当金属液浇入铸型时，泡沫塑料模样在高温金属液作用下迅速气化，燃烧而消失，金属液取代了原来泡沫塑料所占据的位置，冷却凝固成与模样形状相同的铸件。实型铸造对于生产单件的汽车覆盖件，机床床身等大型模具比砂型有较大优势，省去了昂贵的木型费用，便于操作提高了生产效率，具有尺寸精度高，加工余量小，表面质量好，对汽车行业极大地缩短了产品开发周期，加快了新车型推出的速度等优势。

东风汽车公司通用铸锻厂，主要为东风公司产品开发提供所需的各种有色、黑色金属铸件和锻造毛坯，尤其是开发新车型所用模具的铸件毛坯是该厂的代表产品，采用实型铸造工艺生产汽车覆盖件冲模铸铁件是该厂应用多年的较为成熟的工艺。

以下以该厂实型铸造生产为例介绍。

该厂采取中频炉熔炼的工艺，在实型铸造生产如何获得优质、纯净、高温的铁水是获得优质铸件的关键因素。通过对原材料（如生铁、废钢、合金等）的合理选用，合金成分的优化，熔炼工艺的优选，中频炉解决了HT250、HT300、HT350、MoCr、H235的稳定生产，自主开发了大梁模以铁代钢用H215、H235优质合金铸铁材料，取得了比较好的经济效益和社会效益。

随着乘用车需求的拉动，尤其是国内自主轿车品牌的高速增长的拉动，覆盖件模具的需求急增，促进了国内模具行业得到快速发展。对高性能大吨位球铁铸件的需求的增加，如整体侧围，门内外板均需要高性能的球铁作为拉延材料，通过几年的攻关和开发，该厂能稳定生产QT500-7、QT600-3、QT700-2、QTNiCr、GM246、FCD600HD（相当于丰田公司TGC600）等覆盖件用模具材料。其中FCD600HD抗拉强度超过600MPa，延伸率5%，淬火硬度HRC52~58，处于国内领先，达到国际先进水平，单件最大重量可达12t。

3.3.1.1　表面质量的控制

（1）皱皮

皱皮是实型铸造铸铁件特有的表面缺陷，缺陷多位于铸件的上侧面或铸件的死角部位。其产生的机理为：在不利的工艺条件下，泡沫来不及完全气化，泡沫在产生裂解产物或焦油状残渣的过程中，使原来泡沫很薄的蜂窝状组织的隔膜增厚好几千倍，破坏了泡沫状组织，形成很厚的硬膜。这种液态状或硬膜状的聚苯乙烯残渣漂浮在金属液面上或黏附在铸型型壁上，比原来蜂窝状组织的泡孔隔膜更难以完全汽化。在铁水冷凝过程中，因液态聚苯乙烯残留物的表面张力与铁水不同，引起收缩，在金属液冷却凝固后使它形成不连续的波纹状皱皮缺陷。影响皱皮缺陷的因素有许多，如泡沫材料的影响，合金的影响，浇注温度和浇注速度的影响，浇注系统设置的影响等，该厂通过多年的实践，解决皱皮缺陷的关键途径是如何保证泡沫的完全气化，而泡沫的完全气化的主要解决方法是在工艺系统比较合理的情况下适当提高浇注温度和浇注速度来解决，实验表明，浇注温度在原来的基础上提高20~30℃或浇注速度提高20%左右皱皮缺陷得到了有效的解决。

（2）粘砂

粘砂常出现在铸件的内浇口附近，高温铁水停留时间过长的铸件的下部以及热节和铸型春砂不到或春砂不紧实的部位。引起粘砂的主要原因浇注温度过高，如浇注温度达到 1460℃ 以上时铸件粘砂严重，清理难度大。涂层刷的不够厚导致粘砂严重。涂料的耐火度不够导致铸件粘砂，如铝矾土不符合技术要求导致涂料的耐火度降低而引起铸件粘砂和涂料冲刷。提高对涂料的改进和工艺的完善，能够有效控制铸件的粘砂，提高铸件的表面质量。

（3）涨砂

涨砂常出现在铸件的下平面及铸件的侧面，由于型砂的局部强度不够或局部型砂固化过早引起的型砂与泡沫局部分离所至。对此情况，春砂时注意春紧实可以杜绝此问题，而局部型砂固化过早的问题通过调节型砂固化时间来解决，并取得了比较好的效果。

3.3.1.2 内在质量的控制

（1）气孔

气孔主要出现在铸件的导板处和金属吊把附近，加工后不能去除。其主要原因：

① 浇注系统设置不合理，含渣、气的低温铁水积聚在导板处；

② 泡沫未彻底烘干，发气量太大；

③ 浇注速度太快，导致气体来不及排出；

④ 金属吊把氧化皮未去除干净，发气量太大而来不及排出。通过多年的试验，解决了导板处的渣气孔。通过对金属吊把进行抛丸除锈的办法解决了金属吊把附近的气孔。

（2）缩松

缩松主要出现在合金铁的型面部位及局部厚大处，其产生的主要原因：

① 合金铁由于含有 Mo、Cr、Cu 等合金，补缩的要求大于普通的灰铁，浇注系统的设置没有充分考虑其补缩的要求；

② 型面部位比较厚大，而其上面的加强筋（十字筋）散热较快，导致反补；

③ 几大化学元素搭配不合理，导致铁水缩性较大；

④ 局部厚大处无法补缩。

采取的对策：

① 合理开设浇注系统，将内浇道分散开设，同时适当增加内浇道数量，使铁水平稳上升，减少砂型的局部过热，减少因浇注系统设置不合理导致的局

部过热；

②采取侧底注的方法以避开型面部位局部过热或顶注的方法实现顺序凝固；

③冒口的设置遵循"避开热节，靠近热节"的设置方法或不设冒口，可加工去除的部位放内冷铁；

④适当调整化学成分，Cr 的含量控制在 0.5％以下。

3.3.1.3　球铁冲模的质量的控制

球铁冲模在该厂的生产时间较短，相对其他冲模的生产，技术难度较大，尤其是本体金相要求较高，铸件的缩孔、缩松比较严重。通过工程技术人员的刻苦攻关，球铁冲模得到了比较稳定的生产。

（1）球化不良

树脂砂的保温性能好，生产厚大断面的球铁，本体球化极易衰退，出现蠕虫状石墨或片状石墨，导致力学性能不合格，为此，选用了抗衰退能力较强的球化剂同时配合微量元素的加入，对孕育过程的优化，本体球化 3 级以上，满足了用户的要求。

（2）缩孔、缩松

球铁冲模的由于其复杂的结构，很难进行理想的液态补缩，同时，由于泡沫的特殊要求，浇注温度不能太低（要求浇注温度≥1420℃），不能利用糊状凝固进行自补缩，因此，在冲模的局部厚大处出现缩孔、缩松，导致铸件报废。针对此情况，该厂对浇注系统进行了改进，采取了密集而有分散型的内浇口分散热节，同时采取内外冷铁相结合的工艺方法解决了此缺陷。

3.3.1.4　实型铸造冲模存在的问题

（1）渣孔

实型铸造冲模由于其特殊的原因，泡沫在气化的过程中不完全裂解产生的渣以及泡沫黏结剂不完全裂解产生的夹杂物积聚在铸件的上表面，加工不能去除，影响铸件加工后的外观质量。究其原因为泡沫在浇注过程中不完全气化引起的缺陷。该厂近期对此进行了工艺探索：①合理布置浇注系统，以顶雨淋的浇道替代底注式浇注系统，使铸件在浇注过程中温度比较均匀，提高气化效果。②适当提高浇注温度，对泡沫黏结剂进行充分的裂解。③适当增加出气道，使泡沫气化过程中产生的气体快速排出。通过采取上述工艺方法，上平面的渣孔有了很大的改进。

（2）高牌号球铁（QT700-2）冲模的金相组织问题

QT700-2 冲模的生产在该厂不太稳定，主要问题：①合金元素的搭配不合理，导致本体金相（珠光体的含量）不稳定；②大量合金元素的加入导致铸件补缩困难，出现缩孔、缩松；③本体珠光体的含量多少与铸件淬火硬度的关系没有确切的了解。因此，该厂针对 QT700-2 冲模正在组织攻关，力争通过一年的攻关来解决此问题。

（3）泡沫板材的问题

我国的泡沫板材受化工工业的影响，铸造用泡沫的分子量明显大于国外的分子量。如日本的铸造用泡沫的分子量为 38000，国产的铸造用泡沫的分子量为 45000～55000，同时，其发泡剂的纯度高，分子聚合度均匀性好和杂质含量低，无论其加工性能和气化效果均优于国产的铸造用泡沫，我国铸件质量要达到日本、韩国水平，铸造用泡沫是一个急需解决的问题。

（4）模型的整体数控加工的问题

泡沫模型采取人工粘接的办法制造模型，导致模型粘接剂大量使用，粘接不牢固和缝隙过多直接影响铸件质量，国外使用整体数控加工，解决了人为导致的尺寸误差，提高了效率，圆角过渡均匀，模型打磨后光洁度高，有利于铸造的快速平稳充型，以获的高质量的铸件。

3.3.2 采用实型铸造 65t 重型机床卧车箱体工艺

3.3.2.1 铸件结构特点

C6135-20011 是特大重型机床的卧车箱体（图 3-4），铸件材质

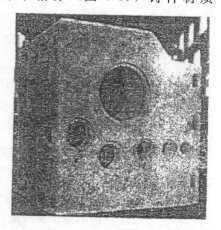

图 3-4 机床的卧车箱体

HT250，为一个方型箱体件，有滑动导轨，有油箱，外廓尺寸 3000mm×2640mm×3140mm 上下方向（和导轨平行），有几个大孔，内部有筋板（多层）相连，外壁厚度分别为 50mm、70mm、120mm，内部筋板厚度平均为 50mm、55mm、65mm，最大热节为 $\phi180mm$ 和 $\phi200mm$，几个通孔直径最大为 $\phi1100mm$，最小为 $\phi300mm$。导轨无特殊的硬度要求，但不能有气孔、砂眼、缩松等铸造缺陷，内部油池不能渗漏，非加工面、局部地区铸造缺陷可焊补。

3.3.2.2　造型方法的选择

考虑到该铸件重量大、体积大，要求工期短，结合本厂车间的起重能力，一台 50t 桥吊（带付勾），两台 16t 桥吊，两台 16t 电动葫芦（带付勾）。两台双排大间距 10t/h 冷风冲天炉，前炉容量一次出铁液可达 40t。从几个因素综合考虑，决定采用最经济又可靠的地坑造型法，用实型（FM）工艺铸造完成。

3.3.2.3　机床的卧车箱体工艺设计及实施

（1）泡沫（EPS）模型的制作

采用 $16kg/m^3$ 聚苯乙烯板材切割、粘接而成，关键联结底部，设加强筋，模型检验合格后投入使用，EPS 的收缩率不考虑。

（2）分型面的选取

机械加工面积大的部位和油箱放在下部，为了便于排除型腔内部气体，几个通孔位置上下放置；由于导轨和几个孔是平行关系，导轨被迫侧立放置；为了防止侧放导轨出现问题，施工中在工艺方面也采取了一些措施：比如适当加大加工余量、导轨部位加强通气管道，加大舂砂时强度和砂层之间的结合等。

（3）造型填砂、舂砂

由于铸件高大，内部多层筋板相隔，为了便于造型填砂、工人操作舂砂方便，从高度方向上把泡沫型（白模），按筋板的位置分割为 5 段，每段的高度：第一段 520mm，第二段 585mm、第三段 645mm、第四段 770mm、第五段 500mm。为了防止每层之间型砂结合强度和防止出现干砂现象，施工中采取 3 条措施：

① 适当放慢（延长）树脂砂的固化时间。

② 在每层结合处放置芯铁以加强型砂的强度和联结性。

③ 泡沫型在黏合处注意用样板卡好、黏合好，防止凹凸不平和夹砂现象。

（4）型砂、涂料、吃砂量的选择

① 型砂颗粒 20/40 呋喃冷硬树脂砂，旧砂再生同用并添加 10%～15% 新砂，新砂为水洗砂，型砂 24h 后，终强度 0.8～1MPa。

② 涂料、实型专用醇基涂料，人工刷涂三遍，平均厚度 1.5～2mm。

③ 吃砂量的选择：地坑底部吃砂量平均为 350～400mm，侧部为 350～400mm，上箱为 250～300mm。

（5）铸件收缩率和机械加工余量

机械加工余量上部、下部、侧面和孔径均为 15mm，导轨部位 20～25mm，铸件收缩率 1%。

（6）浇注系统设计、浇注过程中铁液的控制

① 中大型地坑实型造型工艺铸超重超大的机床箱体铸件，在考虑浇注工艺时应注意两个关键问题：

a. 一般中大型铸件，直浇口设计均在 2 个以上，首先应考虑车间起重设备的承载能力及之间的距离，能保证吊起铁液按指定的浇口盆注入铁液，在此前提下再选取最佳的浇注工艺。

b. 浇注特大型铸件，冲天炉不可能一次完成所需铁液，要分几次相隔一段时间出铁液；如何减少铁液热量损失，保证足够高的浇注温度；如何控制和调度好铁液尤为重要。

② 为保证机床箱体这个重大件的浇注温度，采取了一些措施：

a. 扩大冲天炉前炉的容量：铁液在前炉中储存比在铁液包中储存降温要小得多，把 10t 冲天炉前包扩大容量到 22～24t。

b. 提高铁液出炉温度和通常采取的办法相同，适当增加底碳高度，铁的块度适当，提高焦炭的质量，加料时安排要及时，不能空料。

c. 冲天炉前炉、座包、吊包要烤干、烤透。铁液到包内后加保温剂、稻草灰等进行保温处理。

d. 控制和调度好铁液出炉、出铁和等候时间，两台 10t 炉同时开动，2.5～3h 出第一批铁液 39～41t，分别注入座包 20t 和 4 个 10t 包各 5～6t，相隔 1.5h，第二批铁液出炉 21～23t，分别把几个包装满。在此期间，5t 备用包也从前炉注入 3t 铁液。

③ 出炉铁液温度：第一批出炉铁液温度约为 1410～1420℃，第二批出炉温度达 1430～1440℃，浇注温度约为 1300～1310℃，浇注时间共用 3min。

④ 浇注系统尺寸（表3-4）

表 3-4　尾座体浇注系统尺寸（开放式浇注系统）

浇口位置名称	长×宽×高/mm	个数	层数
直浇口	φ120 陶瓷管	4	
横浇口	2000×90×90		4 层×2
内浇口	230×130×130	6	4 层×2
浇口盆	2000×600×450	2	

a. 在热节处插上可溶性内冷铁，直径 φ20 生铁棒，防止缩松。

b. 在地坑底部，放置焦炭、通气绳，侧面放通气管，加强通排气。

尾座体浇注系统示意图如图 3-5 所示，铸件浇注位置如图 3-6 所示。

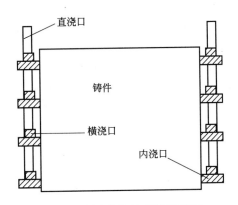

图 3-5　尾座体浇注系统示意图

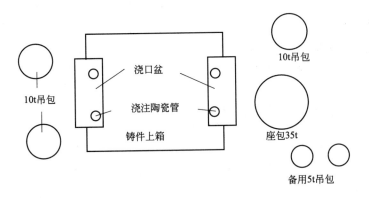

图 3-6　铸件浇注位置示意图

3.3.2.4　机床的卧车箱体质量检验

① 模型材料 EPS，16kg/m³（泊头市当地产品），模重 130kg。

② 材质 HT250，单铸试棒抗拉强度 260MPa。铸件化学成分：C%3.11，Si%1.53，Mn%0.97，P%≤0.11，S%≤0.09。

③ 几何尺寸和表面质量：机床箱体下部、底部几何尺寸增大 5～10mm，局部地区出现凹凸不平和皱皮，不影响使用和性能。内部、角棱处有粘砂现象，给清砂工作带来一定困难。

3.3.2.5 尾座体采用实型（FM）铸造工艺的优点

① 节约木材：此件如果做木型，模型、上下型板、抽芯式或组合式模型，共计 22 个木型工测算，大约需用 22～23m³ 木材。用实型工艺大大节约了木材。

② 节省资金，降低铸件成本：做木型概算成本报价 15 万元，做 EPS 模只需 0.95 万元，模型费用相差十几倍之多。

③ 缩短工期：做木型大约 2 个月才能完成，EPS 模只用了 9 天，工期提前了 50 多天。

④ 工人操作比木型简单：用实型工艺操作，十几个工人只用了 2.5 天完成，但木型造型操作复杂，要求工人技术性强，同等数量的工人最少 5～6 天才能完成。

⑤ 实型工艺铸件几何尺寸精确，要比木型提高 1～2 个等级，无飞边毛刺，节约了金属，减轻了工人的劳动强度。从经济成本、缩短工期、铸件质量，实型工艺铸造具有很强的优势。

3.3.2.6 结论

通过机床箱体这个重 65t 较复杂的机床箱体铸件，采用实型工艺铸造成功，达到了图纸上的技术要求，说明我国实型铸造工艺技术不断地发展和提高，更证明了实型铸造工艺对于中大型、单件小批量的铸造生产，从质量、经济成本、工期、节约物资等各项指标中，都优于其他铸造方法。

3.3.3 实型铸造大件的应用

实型铸造生产中采用聚苯乙烯泡塑模样，应用呋喃树脂自硬砂造型。当金属液浇入铸型时，泡沫塑料模样在高温金属液作用下迅速气化，燃烧而消失，金属液取代了原来泡沫塑料所占据的位置，冷却凝固成与模样形状相同的实型铸件。消失模铸造对于生产单件或小批量的汽车覆盖件，机床床身等大型模具较之传统砂型有很大优势，省去了昂贵的木型费用，便于操作，缩短了生产周期，提高了生产效率，具有尺寸精度高，加工余量小，表面质量好等优势。

(1) 实型铸造生产线基本情况

熔炼手段：7t/h、3t/h 冲天炉各 1 台，3t/h 中频熔炼炉 1 台；0.5t/h 中频熔炼炉 1 台，10t 中频保温炉 1 台。砂处理系统：10t/h 移动式混砂机 2 台，15t/h 移动式混砂机两台，15t/h 砂处理再生线两条。制模手段：电热丝切割锯 3 台，仿型铣一台。可以生产 20t 以下的各类牌号的铸铁件，尤其对于生产 10t 以上的铸件更有一套行之有效的方法，曾经生产过重达 18t 的灰铁压床床身以及 17.5t 的 GGG70L 高强度球铁。从模样制作、涂料、造型、熔炼、浇注到打箱，层层把关，严格控制。通业集团公司实型铸造厂，主要为汽车模具厂家生产各类牌号的灰铸铁、球墨铸铁以及合金铸铁铸件，最近几年又相继开发了空冷钢、耐磨钢、耐热钢、中硅钼等产品。由于铸造工艺的特殊性，铸件表面就会产生粗糙，形成波纹、皱皮、积碳、积渣，严重时可造成铸件报废。实型大件要保证产品质量，就要防止铸造缺陷的产生，产生缺陷的原因集中在某一两个工艺过程，有的原因涉及生产中多工序乃至原材料，干实型大件，关键在于生产控制。

(2) 实型铸造模样工序

实型铸造应该把好三道关：首先是泡塑板材质量关。板材应满足一定的密度要求（16～18kg/m²），具有强度高、比重轻、发气量小、且无明显疵点。制作之前应充分烘干，防止铸件气孔的产生。其次，严格按照图纸制作，根据有关标准予留加工余量和收缩率，保证重要使用面的技术要求。模样组装粘接时，在保证强度的前提下，尽量减少胶的用量，防止铸件气孔的产生，并采取自检，互检及终检，确保模样制作的准确无误，最后模样制作完表面用砂纸抛光，保证表面光洁度。

(3) 实型铸造的涂料工序

实型铸造的涂料对铸件质量的影响，主要表现在涂料质量和生产过程中涂刷的质量。前些年使用的铸造涂料是购置的，在生产过程中经常出现脱壳、掉皮，造成铸件冲砂、粘砂、涂料冲聚、渣眼等。使用自己配制的涂料，只要严格执行工艺标准，保证涂层厚度，并经过充分烘干，上述缺陷就大为减轻。对于涂料自身的要求，主要是与聚苯乙烯塑料模样的附着力以及与呋喃树脂的结合强度。其次是涂料的透气性和耐火度。前者是要求涂料能较好地黏附在模样表面，不产生脱壳、脱落，并与铸型有一定的结合力，在金属液体浇注充型过程中，不被金属液体冲走，后者是要求涂料在浇注时的透气性，排出气化气体，并保证隔离开金属液体不渗漏，以获得表面光洁的铸件。

（4）实型铸造的造型工序

由于生产的大件居多，考虑到泡塑模样的发气量大，采取在模样下面砂子里加排气管引出排气等手段，防止排气不畅所产生的崩箱、跑火等现象的发生。同时，实型铸造是采用呋喃树脂和苯磺酸反应固化，由于它们对设备腐蚀较严重，有时会产生树脂泵和酸泵的偷停现象，致使树脂和酸混不到型砂里，产生塌箱，这种情况在以前曾多次发生。后来自创了流量报警器，只要出现偷停现象，报警器的灯就会自动亮起来，避免了类似事件的发生。

铸件的造型位置，浇冒口系统形状、大小、安放位置，对金属液的阻挡、排放能力、铸型的透气、排气效果，都是实型铸造工艺应该认真解决好的具体问题。实型铸造与传统铸造的本质区别在于有聚苯乙烯泡沫塑料模样埋在铸型中，在浇注金属液体过程中，模样液化、气化，形成实型铸造独有的特殊性。这就需要实型铸造进行有其特色的工艺分析和相应的工艺设计。如何处理好聚苯乙烯泡沫塑料模样的液化、气化及其排放是实型铸造工艺的关键，造型工艺要给予特殊关照。一个完美，正确的工艺分析，对于获得完美的铸件至关重要。应该做好的就是选择合适的铸件造型位置，确定合理的浇冒口系统的形状、大小、安放位置，实现金属液体浇注充型过程中，对金属液体能适当阻挡排放，金属液体充型有序，能够使模样液化、气化有序，脏冷的液体金属和浇注过程中产生的熔渣、有害杂质都能被阻挡和排放到铸件之外。为使铸型透气性适度，排气顺畅，在铸造工艺设计时，应采取相应工艺措施来满足这些工艺条件，才能生产出理想的铸件。

在进行铸造工艺制定时要考虑到模样液化、气化状态和顺序，实现模样液化、气化有序和充分彻底。对于铸件造型位置的确定，主要是满足铸件使用要求和铸件生产操作方便。在确定浇冒口系统形状、大小、安放位置、阻挡、排放能力时，要考虑到铸型的热量分布。浇铸系统的设计要补缩、排渣、排放冷铁液、排气，调节型腔内热量分布，调整铸件凝固方式。设计好实型铸造生产中的浇冒口系统，是处理好聚苯乙烯泡沫塑料模样液化、气化、阻挡、排放，获得完美铸件的重要工艺措施。

应用呋喃自硬砂造型。铸型的刚度、强度及透气性都较好，这就给优先选择模样液化、气化状态和顺序排放创造了较方便的条件。针对生产的汽车覆盖件模具，大部分重量集中在下部（即型面处），采取顶注模样液化、气化完全充分，排放也较方便。补缩性较好便于实现顺序凝固，节省了浇、冒口用量，提高了工艺出品率。对涂料强度要求较高，浇注系统采用开放式，即横浇道要能挡渣、集气，并在横浇道端部设集渣包，既阻挡又缓压。当然，侧注、阶梯浇注使用也较广泛，完全底注式极少采用。

（5）合金熔炼

由于实型铸造模样气化需要吸收一定热量；浇注温度要明显高，要比传统铸造方法高 30～50℃，否则，模样就会气化不良，铸件出现表面质量问题。冲天炉熔化、中频保温炉调质、提温，充分保证了铁液的质量和浇注温度，高温铁液是保证铸件表面质量和内在质量的重要手段。

（6）实型铸造的浇注

实型铸造生产中的合金浇注要注意泡塑模样的液化、气化状态和产物。其中液化、气化吸热，同时在型腔内产生压力是最值得注意和必须顺应的要求。浇注速度要适当，快了不行，慢了也不行，浇注速度要视模样气化、排气的情况。浇注方法要掌握浇注速度，随流浇注，注意聚苯乙烯泡沫塑料模样导热性差。在浇注过程中模样的液化、气化过程有先后顺序，同时，封闭的铸型内，模样气化，在铸型内产生气体压力，这也是实型铸造的重要特性。造型工艺必须顺应其规律适当引导。在浇注上，根据电源短路原理，在模样的关键位置相邻安放两条导线，一旦铁液到过此处，报警器就会自动响起来，从而便于控制浇注速度。在浇满前的短暂时间内要缓流，在浇满型腔后还要用小流，继续点浇。这样浇注的主要目的是排渣、放流、放气，争取获得轮廓形状清晰的铸件。

（7）铸件打箱

根据铸件的大小、薄厚设定保温时间，严格控制打箱温度，由于大铸件外形轮廓尺寸较大，且结构各有特点，有的壁厚薄差别较大，打箱过早，应力较大，容易产生开裂。由于树脂砂铸件的冷却速度较慢，具有缓冷特点，产生白口的倾向性较小，只要有足够的保温时间，铸造应力较小，变形较小。生产 8.3m 长的球墨铸铁床身，完全冷却后，整体长度上的水平变形仅有 4mm。

（8）结论

树脂砂实型铸造有优势也存在着弊端：环境污染；排气不畅在表面所产生积碳；由于原材料质量和设备的影响，要使铸件质量大幅度提高有一定困难，难达到精密铸造的水平。采用呋喃树脂和苯磺酸做黏结剂，生产 1t 铸件增加了几百元的成本，机械化、自动化程度低，对于单件大批量铸件的生产很难满足用户的精度和进度要求，以产品的长远性、批量性、经济性等考虑寻求另一种途径来满足用户精细的要求。进行了技术改造上了 1 台调频三维震实台及砂再生除尘系统、加砂装置，生产了 2t 左右的铸件，表面质量和内在质量过关，经过不断的技术创新和工艺创新，以及涂料及涂刷质量的改进，可以用负压实型技术生产 3t 以下的箱体铸件和冲压模具铸件 2000t 左右，产品质量比较稳定，能够得到用户的认可。

参 考 文 献

［1］ 章舟. 呋喃树脂砂铸造生产及应用实例. 北京：化学工业出版社，2008.

［2］ 章舟，陆国华，刘中华等. 消失模白模制作技术问答. 北京：化学工业出版社，2012.

［3］ 章舟，消失模铸造生产及应用实例. 北京：化学工业出版社，2007.

［4］ 章舟. 消失模铸造生产实用手册. 北京：化学工业出版社，2011.

［5］ 昆明工学院. 造型材料. 昆明：云南人民出版社，1978.

［6］ 章舟，彭兴玖. 铸件缺陷及修复技术. 北京：化学工业出版社，2013.

［7］ 邓宏运，阴世河. 消失模铸造及实型铸造技术手册. 北京：机械工业出版社，2013.

化学工业出版社　最新专业图书推荐

书号	书　名	定价/元
17246	铸钢生产实用手册	138
16914	中小型砂车间(工厂)实型铸造技术	58
16258	有色金属熔炼与铸锭	68
15446	铸件缺陷及修复技术	68
15535	碳钢、低合金钢铸件生产及应用实例	48
14449	呋喃树脂砂铸造生产及应用实例	58
13627	铸造合金熔炼	68
13630	铸钢件特种铸造	88
13755	铸铁感应电炉生产问答	49
13739	熔模精密铸造缺陷与对策	58
13643	熔模精密铸造技术问答(第二版)	58
12993	消失模白模制作技术问答	39
12565	灰铸铁件生产缺陷及防止	68
11974	铸件挽救工程及其应用(钱翰城)	128
11315	高铬铸铁生产及应用实例	45
10805	铸造用化工原料应用指导	45
09712	常用钢淬透性图册	78
15158	废钢铁加工与设备	68
08642	铸造金属耐磨材料实用手册	79
08337	蠕墨铸铁及其生产技术(邱汉泉)	88
08091	铸造工人学技术必读丛书——造型制芯及工艺基础	29
07970	高锰钢铸造生产及应用实例	38
07829	铸造工人学技术必读丛书——铸铁及其熔炼技术	28
07794	铸造工人学技术必读丛书——特种铸造	25
07662	铸造工人学技术必读丛书——造型材料及砂处理	25
07435	铸造工人学技术必读丛书——铸钢及其熔炼技术	25
06881	实用艺术铸造技术	58
05584	新编铸造标准实用手册	128

邮购电话：010-64518800

邮购地址：北京市东城区青年湖南街 13 号化学工业出版社　(100011)

图书详情及相关信息浏览：请登录 http://www.cip.com.cn

注：如有写书意愿，欢迎与我社编辑联系：

010-64519283　E-mail：editor2044@sina.com